# 科技预见未来

(第2版)

SCIENCE AND TECHNOLOGY MAKES
**THE FUTURE**

主　编　郝英好　安　达　李睿深
副主编　綦珊珊　曾倬颖　计宏亮
　　　　赵　楠　商志刚　严晓芳
　　　　白　蒙　陈　茜　李梦男

電子工業出版社
Publishing House of Electronics Industry
北京·BEIJING

## 内 容 简 介

本书是一本高度浓缩的科普读物，内容涵盖了量子信息技术、引力波、冷原子钟、超级高铁、智慧城市、可见光通信、虚拟现实、机器人、神经形态芯片、无人机、自动驾驶、视觉搜索、自适应安全架构、能源互联网、无线输电、全球Wi-Fi、石墨烯、3D打印等高新技术。书中既生动形象地介绍了相关技术的内涵，又科学理性地分析了相关产业发展现状与未来发展趋势。书中采用通俗易懂的语言，预测和描绘着我们的未来，旨在为读者呈现一副副丰富多彩的高科技画卷，为科技和行业分析起到抛砖引玉的作用。

本书主要面向科研工作者、科技爱好者、产业研究人员，以及大学生创业者。

未经许可，不得以任何方式复制或抄袭本书之部分或全部内容。
版权所有，侵权必究。

**图书在版编目（CIP）数据**

科技预见未来 / 郝英好，安达，李睿深主编. —2版. —北京：电子工业出版社，2021.3
ISBN 978-7-121-36385-6

Ⅰ. ①科… Ⅱ. ①郝… ②安… ③李… Ⅲ. ①科学技术－普及读物 Ⅳ. ①N49

中国版本图书馆CIP数据核字（2019）第076226号

责任编辑：李　洁
印　　刷：北京虎彩文化传播有限公司
装　　订：北京虎彩文化传播有限公司
出版发行：电子工业出版社
　　　　　北京市海淀区万寿路173信箱　邮编　100036
开　　本：720×1 000　1/16　印张：16.5　字数：343千字
版　　次：2017年1月第1版
　　　　　2021年3月第2版
印　　次：2022年1月第2次印刷
定　　价：69.00元

凡所购买电子工业出版社图书有缺损问题，请向购买书店调换。若书店售缺，请与本社发行部联系，联系及邮购电话：（010）88254888，88258888。

质量投诉请发邮件至 zlts@phei.com.cn，盗版侵权举报请发邮件至 dbqq@phei.com.cn。

本书咨询联系方式：lijie@phei.com.cn。

# 序言
## PREFACE

今天，21世纪已经过去五分之一。在这20年的时间里，我们的世界发生了深刻变革。从没有一场变革如此让我们振奋：科技的迭代与颠覆交替进行，其速度与频率之快犹如一条"疯狗"，追得我们连喘口气的时间都没有。

我们见证了"量子霸权"的实现，见证了引力波被证实，见证了人工智能战胜人类围棋冠军。一切变化悄无声息，却又不期而遇，深刻影响并重塑我们的生活。不知从何时开始，我们几乎不再用书信交流了，取而代之的视频通话成为日常，移动支付无所不在，电池技术的进步让新能源汽车成为普通人的座驾，自动驾驶技术让无人驾驶车辆行驶在道路上……虚拟现实、量子科技、机器人、石墨烯、新能源、3D打印等新技术、新材料层出不穷，令人眼花缭乱。

信息革命，开启了网信时代。世界日益成为端到端的数字连接的世界：人、机、物三元世界互联互通，认知、物理、信息域三域互动，更加凸显了网罗一切、虚实融合、协同共享、时空压缩、深入智能五个特点，呈现出高度不确定、不稳定和更加复杂的特点。

网信时代，彰显了连接的强大力量。节点因为自己的独特价值而被连接，具有自主性和竞争力。节点可以是一名优秀的科学家、一个科研院所、一个企业，甚至是一个区域、一个国家。任何一个节点都强调独特的价值、自主性和竞争力，由此增加被连接的机会，为世界创造更大的价值。与节点相比，连接更强调其连接的力量，连接的协同性和吸引力。没有力量，连接就不存在；没有协同性和吸引力，就难以构成生态，吸引有价值的节点加入。

网信时代全球连接、演进发展、能力涌现的体系性特征日益凸显，引领产业基础高级化和产业链现代化。例如，半导体价值链在每个环节差不多有 25 个国家作为直接供应链参与其中，23 个国家作为支撑性职能参与其中；一个消费类电子产品的核心芯片，差不多在 100 多天里跨越 70 多次或者更多次国际边界，其中包括 3 次完整的环球旅行。

体系是相互依赖的系统的集成，通过这些系统的关联与连接来满足一个既定的能力需求。去掉组成体系的任何一个系统都将会在很大程度上影响体系整体的效能或能力。每一个体系都有自己的运行独立性、管理自主性、物理分布性、能力涌现性、发展进化性。每个系统不应干预其他系统内部的运行，而应更多关注系统相互之间的关系。系统的连接催生能力的涌现，多元能力的叠加产生更为强大的能力，推进科技创新的持续演进。

如果对下一个 20 年进行展望，科技的未来在哪里？

对此，有人十分悲观且沮丧。几乎所有的科技进步都是在已有理论上的应用和改进。像牛顿力学、爱因斯坦相对论一样的重大突破还未现端倪。像电磁理论、量子理论一样的重量级理论也未出现。就连划时代的发明也已经很久远了。我们距离第一台计算机的发明已经 70 多年了。美国经济学家、乔治梅森大学经济系教授泰勒·考恩在其畅销书《大停滞》一书中谈到，从20世纪70年代开始，人类的科技进入了一个"高位停滞期"。人类许多的重大科技发明，像电、电话、汽车、火车、飞机、打字机、照相机、药品器材等发明都是在1940年以前完成的。"我们的今天除了看上去很神奇的互联网之外，广义的物质生活层面并没有比1953年强很多。"

其实大可不必如此悲观。因为连接的力量为科技创新提供源源不断的动力。20世纪90年代末，受制于干式微影技术的限制，摩尔定律的延续被卡在光刻机的193纳米的光源波长上面。2002年台积电的工程师林本坚提出"浸润式光刻"技术方案，顺利将制程拓展到如今的5纳米，并向着3纳米、2纳米极限挺进。

在需求导向中解决问题，在解决问题中发现新的需求，问题导向与需求导向相互促进，引领着科技创新的根本方向。

在芯片领域，中国一直沿着制程的高速路"玩命奔跑"，目前已成功实现了14纳米的突破，但是7纳米、5纳米如何办犹未可知。一旦遇到外部封锁，就好像高速公路突然被掘断了，我们只能在路上干等着。

其实，制程这条路终将遇到物理的极限而被关闭。这是一个世界共同面对的问题：摩尔定律失效后怎么办！摩尔定律，是一条芯片朝着更高精度的工艺线方向发展规律的总结。1965年摩尔提出摩尔定律时，他的原文第3页上还有另外一个计划，现在成为美国创新的主流：围绕材料与集成、系统架构和电路设计三大支柱领域开展一系列创新性研究。在材料与集成领域，探索在无需缩小晶体管尺寸的情况下，利用新材料的集成突破现有集成电路性能难以提升的瓶颈；在系统架构领域，寻求利用通用编程结构，通过软/硬件协同设计构建专用集成电路；在电路设计领域，探索新的集成电路设计工具和设计模式，并以较低成本快速构建专用集成电路。

当既有技术路线走向极限时，意味着拐点即将出现。以前，我们沿着别人修建的高速公路往前跑，却发现公路突然断了头。为什么我们不能自己设计建造公路呢？

未来20年，科技创新的发展一定取决于三个要素的共同作用，即连接的力量、创新的方向与明晰的技术路线。中国作为一个科技大国，就是要按照习近平总书记所说的，面向世界科技前沿、面向经济主战场、面向国家重大需求、面向人民生命健康，通过自主创新，选择自主的技术路线和技术体制，聚焦优势领域打造长板，发挥节点的独特作用，彰显自主性和竞争力。同时，也要发挥中国这个科技大国的连接的力量，开放包容、互惠共享，为世界贡献更多的创新成果；在开放合作中提升自身科技创新能力，使我国成为全球科技开放合作的广阔舞台，不断为世界的创新价值链赋能，与世界分享中国智慧和力量。

一切又将重新开始。探索无尽、未来已来！

中国工程院院士：吴曼青<br>二〇二一年二月五日于北京

# 前 言
## FOREWORD

由于在科技公司工作的原因，笔者经常接触和讨论当前最新的科技发展动态。当听说某项科技又取得重大进展的时候，高兴之余，也常常思考这项科技成果会对我们未来的生活产生怎样的影响，并急切地想与读者分享我们的想法，让更多的读者参与到我们的讨论中。于是《科技预见未来》一书面世了。从 2017 年第 1 版面世以来，本书受到读者们喜爱的同时，还希望我们将这样的分享继续下去，根据科技最新发展趋势，出版第 2 版、第 3 版……今天，《科技预见未来》第 2 版带着这种意愿终于要与读者见面了，希望读者和我们一起继续探讨科技与未来，同时分享日新月异的科技带给我们的无尽想象与希望。

本书是一本高度浓缩的科普读物，内容涵盖了虚拟现实、冷原子钟、引力波、自动驾驶、高铁、无线输电、智慧城市、机器人、量子信息、可见光通信、石墨烯、3D 打印、无人机、新能源等高新技术，从技术的定义与进展、相关产业发展趋势、技术对经济和社会的影响等角度进行分析、预测和描绘我们的未来。书中采用通俗易懂的语言，让普通读者无须耗费太多脑力也能看懂。

科技的发展正在按照自己的逻辑和方向前进。未来肯定还会有许多令我们惊奇的科技产生。读者在阅读之余，不妨大胆想象一下，10年、20年、50年后的你将会生活在一个什么样的世界。你也可以把这些想法记录下来，等10年后再打开看看，或许你现在的想象就是未来的现实。

感兴趣的读者可以将你们的发现和想法与我们分享，我们将在征得您同意的基础上对其进行修改完善，并编入下一版的《科技预见未来》中。

编写组邮箱 haoyinghao@163.com，联系人：好好先生。

本书由郝英好、安达、李睿深主编，綦珊珊、曾倬颖、计宏亮、赵楠、商志刚、严晓芳、白蒙、陈茜、李梦男等为副主编。本书在编写中得到了很多领导、同事和朋友的大力支持，在此表示衷心感谢！

由于时间、精力和能力有限，本书难免有错误和不足之处，还请读者不吝赐教。

编者

# 目 录
## CONTENTS

**第1章**
**Chapter 1**
**科技与未来的关系**
**//1**

- 01 Section 如何从科技发展预测未来 //2
- 02 Section 高新技术 //9
- 03 Section 关于本书 //11

**第2章**
**Chapter 2**
**量子：未来超乎想象**
**//12**

- 01 Section 什么是量子信息技术 //13
- 02 Section 量子信息技术将如何引发技术变革 //14
- 03 Section 量子信息技术的发展现状 //16
- 04 Section 对经济和社会的影响 //21

**第3章**
**Chapter 3**
**引力波探测：感知时空脉动**
**//24**

- 01 Section 什么是引力波 //25
- 02 Section 引力波探测装置的发展 //26
- 03 Section 发现引力波的意义和可能产生的影响 //29

## 第 4 章 Chapter 4
### 冷原子钟：助力空间探索 //32

- 01 Section 什么是冷原子钟 //33
- 02 Section 冷原子钟可以做什么 //35
- 03 Section 冷原子钟的意义 //37

## 第 5 章 Chapter 5
### 你能做的，机器人也可以 //41

- 01 Section 什么是机器人 //42
- 02 Section 机器人涵盖哪些技术领域 //44
- 03 Section 应用领域与产业发展现状 //45
- 04 Section 对经济和社会的影响 //49
- 05 Section 结语 //53

## 第 6 章 Chapter 6
### 神经形态芯片：后摩尔时代的新选择 //54

- 01 Section 神经形态芯片是什么 //55
- 02 Section 神经形态芯片与传统芯片的区别 //56
- 03 Section 国内外研究及产业发展现状 //59
- 04 Section 神经形态芯片可能带来的影响 //65

## 第 7 章 Chapter 7
### 技术日趋成熟，民用无人机产业开始起飞 //68

- 01 Section 无人机及相关技术 //69
- 02 Section 民用无人机的应用领域有哪些 //70
- 03 Section 无人机产业发展现状 //73
- 04 Section 对经济和社会的影响 //75

## 第 8 章 Chapter 8
### 自动驾驶：技术进步与社会变革 //77

- 01 Section 何为自动驾驶汽车 //78
- 02 Section 产业发展现状 //81
- 03 Section 对经济和社会的影响 //86

## 第 9 章 Chapter 9
### 跑得过飞机的高铁 //91

- 01 Section 中国高铁发展现状 //92
- 02 Section 可能应用于未来的高铁技术 //93
- 03 Section 对经济和社会的影响 //100

## 第 10 章 Chapter 10
### 人机交互新模式：VR/AR/MR 产业逐渐形成 //102

- 01 Section 什么是虚拟现实、增强现实、混合现实技术 //103
- 02 Section 虚拟现实、增强现实、混合现实技术可以做些什么 //104
- 03 Section 产业发展现状 //105
- 04 Section 对经济和社会的影响 //112

## 第 11 章 Chapter 11
### 移动搜索的未来——视觉搜索 //115

- 01 Section 什么是视觉搜索 //116
- 02 Section 视觉搜索能做些什么 //119
- 03 Section 产业发展现状 //122
- 04 Section 对经济和社会的影响 //124

## 第 12 章 Chapter 12
### 非视距成像：能隔墙视物的"相机" //127

- 01 Section 隔墙视物技术是什么 //128
- 02 Section 非视距成像技术的发展历程与现状 //130
- 03 Section 应用前景 //132

## 第 13 章 Chapter 13
### 自适应安全架构 //134

- 01 Section 什么是自适应安全架构 //135
- 02 Section 自适应安全架构可以做什么 //138
- 03 Section 产业发展现状及前景 //140

## 第 14 章 Chapter 14
### 能源互联网：开启最新一次工业革命 //151

- 01 Section 什么是能源互联网 //153
- 02 Section 能源互联网的实施及特点 //157
- 03 Section 能源互联网是产业升级还是一场人类能源利用方式的革命 //158
- 04 Section 能源互联网的发展优势 //159
- 05 Section 发展前景 //161

## 第 15 章 Chapter 15
### 无线输电：一项让距离消失的技术 //165

- 01 Section 无线输电技术的发展历程 //166
- 02 Section 无线输电技术的基本原理 //169
- 03 Section 无线输电技术的主要应用领域 //171
- 04 Section 无线输电的发展趋势 //174

## 第 16 章 Chapter 16
### 智慧城市：具备"大脑"的城市
//178

- 01 Section 什么是智慧城市 //179
- 02 Section 智慧城市的要素 //181
- 03 Section 智慧城市的历史发展沿革 //183
- 04 Section 对社会和经济的影响 //187

## 第 17 章 Chapter 17
### 全球 Wi-Fi 覆盖，谷歌的"阳谋"与"阴谋"
//188

- 01 Section 什么是 Wi-Fi 全球覆盖 //189
- 02 Section 谷歌的 Wi-Fi 全球覆盖之路 //190
- 03 Section Wi-Fi 全球覆盖面临的问题 //192
- 04 Section 对经济和社会的影响 //194
- 05 Section 结语 //196

## 第 18 章 Chapter 18
### 可见光通信：点亮未来
//197

- 01 Section 什么是可见光通信 //198
- 02 Section 国内外可见光通信发展情况 //199
- 03 Section 可见光通信的特点 //205
- 04 Section 可见光通信的产业方向 //206
- 05 Section 可见光通信对经济和产业的影响 //209

## 第 19 章 Chapter 19
### 颠覆硅时代的 21 世纪神奇材料——石墨烯 //212

- 01 Section 什么是石墨烯 //213
- 02 Section 石墨烯的应用与技术发展 //214
- 03 Section 产业发展现状 //216
- 04 Section 对经济和社会的影响 //223

## 第 20 章 Chapter 20
### 3D 打印：制造业未来的技术 //226

- 01 Section 什么是 3D 打印技术 //227
- 02 Section 3D 打印的技术基础 //228
- 03 Section 3D 打印的应用前景 //230
- 04 Section 未来市场空间预测 //235
- 05 Section 典型应用案例 //239

## 第 21 章 Chapter 21
### 未来图景 //241

- 01 Section 设想未来的某个场景 //242
- 02 Section 人类的想象关乎未来 //244

**参考文献** //245

# 第1章
Chapter 1

## 科技与未来的关系

# 01 如何从科技发展预测未来

## 1. 科技与产业的关系

自18世纪至今，人类社会经历了三次技术革命。三次技术革命表现出不同的特点：第一次可以简称为"动力革命"，以蒸汽机的应用催生了"蒸汽时代"，技术革命对交通方式的巨大影响如图1-1所示；第二次技术革命的主要标志是电力的运用，可以概括为"电力革命"，引发了"电气时代"；第三次技术革命最核心的标志是以电子计算机技术为代表的信息技术的广泛应用，即"信息革命"开创了"信息时代"。我们可以看到，全球经济的发展历史无数次证明，技术革命引发了新兴产业的兴衰和时代的更替。受益于科技革新力量的推进，一批又一批的新兴产业总是在战胜重大经济危机的过程中孕育和成长，并以其更高的生产率、更先进的技术方向成为新的经济增长点，并且在危机过后，推动经济进入新一轮繁荣。

## 2. 技术转化时间

在技术变革的过程中，技术演化的方向与速度会遵循类似的"自然轨道"，并表现出一定的累积性。一般来说，新兴产业兴衰的过程总是伴随着技术普及率的提高。每隔50~80年，激进的新科技集群总会出现，这些新兴的新技术进入主流市场时，一般都遵循技术生命周期S曲线（图1-2）所演绎的规律。在S曲线上对应的10%~40%和60%~90%的区间段，是新兴产业发展的黄金时间段。

图 1-1　技术革命对交通方式的巨大影响

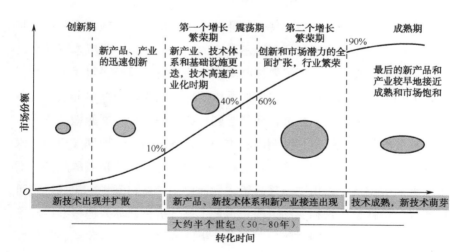

图 1-2　技术生命周期 S 曲线

### 3. 预测也是个技术活

在对技术发展的预测活动中，人们的认识从最初的"技术体系的内在因素决定技术发展轨迹"，逐渐发展到"经济社会与技术共同作用决定技术发展轨迹"，再到"未来技术发展的多种可能性轨迹是可以通过今天的政策加以选择的"。随着人们认识的不断加深，技术预测已经成为"塑造"或"创造"未来的有力工具，预测的方法体系也在不断完善。

国外的技术预测活动中，以美国开展的技术预测范式为基础，以日本在1971年开展的德尔菲法调查为先例而拓展应用。20世纪90年代，英、德、法等发达国家逐渐跟进发展，丰富了技术预测的方法体系。总体而言分为两大类，定性的预测方法与定量的预测方法。

（1）定性预测方法

定性预测方法随着日本将德尔菲法首次应用到技术预测研究后，其他发达国家的应用也逐渐证明德尔菲法的优点，即在一定成本下进行的多次大规模问卷调查，能够较快收集和反馈意见，具有决策民主化和科学性的功能。技术路线图也是该过程中的重要应用，与德尔菲法一起不仅可以预测未来技术的发展，还能起到描绘未来社会发展愿景的作用。技术路线图预测法就是把预测的基本理念、基本假设和原理应用到技术路线图中来，融合专利、产业经济和相关政策信息，使预测的趋势、需求和聚焦的重点可以用图示来表示，因而更加具备科学性、灵活性和可操作性。情景分析法和头脑风暴法也是定性分析方法体系的重要组成部分，一般与德尔菲法同时使用。情景分析法是假定某种现象或趋势持续到未来的前提下，对可能发生的后果做出丰富、复杂的描述，具有复杂及高度不确定性的非技术环境下有效预测的优点，但是存在可能过多想象而偏离预见主题的缺点。头脑风暴法以比较了解问题的专家在会议上直接交换意见的讨论方式，能够在较短的时间内形成比较有成效的预测结果，但是存在专家间相互影响而偏离主题的缺点。

技术预测方法体系中，德尔菲法、情景分析法、头脑风暴法等方法更注重研究中的定性分析，受制于主观意见、专家遴选等缺点，专家学者开始关注技术预测研究中的定量描述，如文献计量、专利计量、科学图谱等方法。

（2）定量预测方法

定量预测方法论文是提供科学技术信息的最佳信息源，而专利又是开展科学技术活动的直接表现形式，对论文及专利的文献信息进行数据挖掘，可以分析出一些科技领域的发展历史、研究前沿、技术竞争态势及判断未来新兴技术等，所以将定量分析方法，如专利地图、聚类分析、科学图谱等应用到技术预测中，可以有效避免德尔菲法中专家意见的局限性。

总之，在技术预测的定量分析方法中，随着日本等国家将定量分析引进到技术预测方法体系中后，逐渐出现了文献计量、专利分析、科学图谱、聚类算法分析、综合指数法等定量方法，以及将其与各种定性分析方法结合使用的研究。其中，将专利分析的定量分析方法引入预测活动中是现在的热点。

### 4. 技术变革对人类生活的影响

过去的近 20 年，很大程度上由数字技术的发展来定义。而未来将是各种技术的深度融合。有人预测，到 2030 年，人类将开始掌控物理世界。

科学技术的进步和运用加快了人类社会现代化的发展步伐，使人类生活发生了巨大变化。科学技术的发展提高了劳动生产率，劳动者从繁重的体力劳动中解脱出来，使人们的生活行为越来越少地受到时间和空间方面的限制，从而影响着我们的生活习惯和生活方式。技术变革对人类生活的影响及作用涉及方方面面，不能一言而尽，在此仅列举一二。

（1）进一步的自然人机交互

触摸、语音、体感等依旧是自然人机交互的初级阶段。后续还会有很多惊奇的应用等待着我们，比如，你看屏幕的时候屏幕其实也在看你，了解你的状态，不断优化学习，提供更符合你的服务。而这是科技作为一种生命体必然进化出来的用来削弱与人类"排斥反应"的能力。无所不在的屏幕必将深刻改变人类的文化和商业。屏幕这个介质和交互窗口带来的影响还远未被完全释放出来。

20 年前，进入数字时代还只意味着有一个手机号码、一个邮箱地址，或许再加上一个 Myspace（聚友网）的个人主页。现在，人们在数字世界中的存在则包括进行数码互动，以及人们在各种线上平台和媒体上留下的痕迹。很多人拥有不止一个数字身份，如国内的微信、QQ、国外的 Facebook（脸书）、Twitter（推特）、LinkedIn（领英）以及 Instagram 等多个账号，通常还不止这些。在互联程度越来越高的世界中，网络上的虚拟生活渐渐变得与现实生活密不可分。未来，越来越多的人在网上具有数字身份。建立并维护好自己的网络形象会如同我们在现实生活中通过打扮、语言及行为来展示自己一样普通平常。在网络世界中，人们能够依靠他们在网络上的虚拟形象，搜索并共享信息，自由发表言论，与他人邂逅，并能在世界的任何地方发展并维护与他人的关系。

（2）分享的大潮

实际上，人们有机会就会愿意分享更多。现在的技术和应用还远远没有给人们提供足够的机会，还有数倍于今天的分享大潮没有被释放出来。

大家对于这一现象的共识通常是指技术的发展使实体（个人或组织）能够共同分享某个实物商品或资产的使用权，或分享/提供某种服务，这在以前是非常低效甚至是完全不可能实现的。这种商品或服务的共享通常可以通过网络市场、手机应用与定位服务或其他技术驱动型平台来实现。这些行为可以减少交易成本和系统摩擦，使所有参与者都获得恰到好处的经济利益。交通领域有很多知名的共享经济实例，如众所周知的Uber、滴滴出行等。

（3）无限释放的劳动力

过去，几乎所有的机器人都被应用于重工业，为保证安全其往往远离人类作业。而现在，无论是在战场还是在工厂，机器人开始与人类并肩作战。预计到2030年，机器人将会在日常生活中发挥更大的作用。新一代机器人将采用纳米材料，重量更轻，也更为坚固；配置性能强大的神经学芯片，运行先进的深度学习算法，能够以自然的方式与人类互动。

机器人技术已经开始影响各行各业，从制造业到农业、零售业及服务业，无所不包，美国已出现首位机器人药剂师。根据国际机器人联合会提供的数据，全球工业机器人达110万台，而汽车制造过程中有80%的工作都是由机器人完成的。机器人正在提高供应链效率，以做出更为高效及可预测的经营业绩。

（4）无人驾驶汽车——2030年大规模应用

无人驾驶技术目前可谓来势汹汹，发展迅速。无人驾驶汽车依靠激光测距仪、视频摄像头、车载雷达、传感器等获得环境感知和识别能力，确保行驶路径遵循预先设定的路线。预计到2030年，无人驾驶汽车有望大规模应用。

（5）新的计算机架构

1965年戈登·摩尔（Gordon Moore）提出了著名的摩尔定律，预测芯片的处理速度每18个月便会翻番。50多年来，工程师们在不断实践着芯片行业的这条发展定律。然而现在，摩尔定律行将终结，人们还在试图通过3D堆叠以及FPGA芯片技术延续定律的生命周期，但其效果有限。若从根本上延续芯片行业的发展速度，我们需要开发新的计算机架构。

其中之一便是量子计算，使用量子力学中的重叠以及缠结效应，开发出性能百万倍于现在的计算机芯片；其二是开发模仿人脑的神经学芯片，其运行处理速度将比现有的计算机快数十亿倍。这两种新型计算机实现商业化还需要数年时间，但目前已经有相应的工作原型。最早在10年之内，我们就可以看到这些新架构完全改变计算机行业。

目前，科学家们正试图借助量子计算机解密新的技术领域：从分析基因序列到预测股市涨跌；从模拟单个分子之间的交互方式到拓展机器学习的潜能等。除此之外，虽然还无法彻底评估这种计算机处理问题的能力，但相信在不久的将来答案就会揭晓。

一个世纪以来，科学技术以惊人的速度在改变着人类的生产和生活方式。单就近几年来看，信息革命浪潮如一夜春风，让我们走进"地球村"，紧接着3D打印、虚拟技术等都热极一时。高新技术对我们生活的影响是全方位、立体化的，在以下的各章我们会逐一介绍。

## 02 Section 高新技术

### 1. 什么是高新技术

依照我们对高新技术的理解，高新技术是能够形成产业效应的尖端技术群。而根据技术生命周期S曲线理论，新兴产业的产生、发展、繁荣和衰退与技术的生命周期密切相关。虽然这并不意味着技术发展的方向就一定是产业的方向，但根据产业发展和历史经验，新兴产业的形成和发展必须具备一定的市场广度、产业宽度、技术深度、政策强度等条件。

高新技术在国外一般被称为高技术（High Technology），在我国则有狭义和广义之分。狭义的高新技术即国际上高技术的概念，广义的高新技术，则包括"高技术"和"新技术"。

国内外目前关于高技术的界定没有统一的说法，有以下一些代表性的观点：

美国学者 D. Grance 认为：应用研究如果同科学有联系，则称之为高技术。美国《韦氏第三版新国际英语大辞典》中对高技术的定义为：利用或包含尖端方法或仪器用途的技术。日本学者津曲辰一郎认为社会经济中的主导技术为高技术，包括：①为提高现有商品功能的必要的中心技术；②具有能赋予产品以新功能的主导技术；③构成下一代产品基础的技术。国内学者王伯鲁提出枚举定义法，即当代高技术包括：微电子与计算机技术、信息技术、自动化与机器人、生物技术（包括制药技术）、新材料技术、新能源技术（包括核技术）、航空和航天技术（空间技术）以及海洋开发技术等。

从以上各种定义可以看出，高新技术是一个相对的动态概念。高新技术应反映如下三个方面的特质：是建立在现代科学技术基础之上的技术，这一点有别于传统技术，传统技术是经验的积累；高新技术是知识密集型技术群，比传统技术具有更强的竞争力，是对社会经济发展产生深刻影响的技术；高新技术发展状况是一个国家综合实力的集中表现，是经济发展的第一生产力，是社会进步的推动力。

综上所述，我们认为所谓的高新技术，是指基于新的科学知识、具有高增值作用和广泛渗透性的、能够形成产业效应的尖端技术群。

## 2. 高新技术有哪些

按照联合国组织的分类，高新技术主要包括信息科学技术、生命科学技术、新能源与可再生能源科学技术、新材料科学技术、空间科学技术、海洋科学技术、资源与环境技术和管理科学技术（又称软科学技术）八个领域。

21世纪是一个信息科技飞速发展的时代，随着科学技术的不断进步，下一代科技产品将与我们现在使用的产品大相径庭。通过微软、IBM等大公司正在着力研发的各项振奋人心的"黑科技"，我们也能管窥未来科技世界的大致轮廓。高新技术至少包括信息技术、新材料技术、先进制造技术、新能源技术、生物技术、空间技术、海洋技术、光电子与激光技术、环境科学技术、农业高新技术十大技术领域。其中，信息技术是基础；新材料技术和先进制造技术是手段；新能源技术是动力；沿微观领域向生物技术开拓；沿宏观领域向空间技术和海洋开发技术扩展；以光电子与激光技术、环境科学技术、农业高新技术为主要应用方向。

## 03 Section 关于本书

本书是一本高度浓缩的科技读本，选取量子信息、宇宙探测（如引力波干涉仪、冷原子钟）、人工智能（如机器人）、交通（如超级高铁、自动驾驶）、光学（如非视距成像）、新材料（如石墨烯）、通信（如可见光通信、全球Wi-Fi）、先进制造（如3D打印）、城市系统建设（如智慧城市）等技术领域，从技术内涵、产业发展的情况、对经济或社会的影响等角度进行分析与预测从而描绘我们看得见的未来。

# 第 2 章
Chapter 2

## 量子：未来超乎想象

# 第 2 章 量子：未来超乎想象

2015 年年底，美国《科学》（Science）杂志评出的 2015 年度十大科学突破事件，其中就包括贝尔无漏洞实验确认量子诡异特性。这一实验结果并不令人惊讶，但它所确认的量子纠缠态，为未来量子信息技术的应用奠定了坚实的基础。2016 年 8 月 16 日，世界上第一颗量子卫星由中国成功发射；2017 年 9 月，世界上第一条量子通信保密干线——"京沪干线"在中国正式开通；2019 年 10 月 23 日，《自然》（Nature）期刊发表了谷歌的"量子霸权[1]"（Quantum Supremacy）论文，成为量子计算领域发展的标志性日期。量子信息技术正在从理论走向现实应用，并有可能在未来引发一场技术革命。各国都在积极规划和布局，中国也在积极参与其中。

## 01 Section 什么是量子信息技术

量子力学理论被认为是继牛顿经典力学和爱因斯坦相对论后，人类科学的颠覆性发现。量子有许多经典物理所没有的奇妙特性，量子纠缠态就是其中突出的特性之一。量子纠缠态即原来存在相互作用，以后不再有相互作用的两个量子系统之间存在瞬时的超距量子关联，这种状态被称为量子纠缠态。通俗地说，就像心电感应。量子力学研究发现，宇宙中任何一个粒子都有"双胞胎"，二者即使隔开整个宇宙的距离，也仍然一直保持同步同样的变化。一对粒子同步同样变化的状态，就是量子纠缠态。处于量子纠缠的两个粒子，无论分离多远，它们之间都存在一

---

[1] 量子霸权，代表量子计算装置在特定测试案例上表现出超越所有经典计算机的计算能力，实现量子霸权是量子计算发展的重要里程碑。

种神秘的关联,即我们可以通过测量其中一个粒子的状态来得知另一个的信息。就如同你穿的一双鞋,你看到一只向左弯后,就知道另一只是向右弯的,即使那只鞋远在天边。

量子的另一个奇妙特性是量子具有测不准和不可克隆的属性,即任何的测量都会破坏量子的本来状态。

根据量子力学的"不确定性原理",处于纠缠态的两个粒子,在被观测前,其状态是不确定的,如果对其中一个粒子进行观测,在确定其状态的同时(如上旋状态),另一个粒子的状态瞬间也会被确定(下旋状态)。

量子信息技术是基于量子物理特性,与信息技术相结合发展起来的技术,主要包括量子通信、量子计算、量子测量等领域的相关技术。量子通信就是利用量子纠缠效应来传递信息。量子通信主要研究量子密码、量子隐形传输、远距离量子通信等技术;量子计算主要研究量子计算机和适合于量子计算机的量子算法。

## 02 Section 量子信息技术将如何引发技术变革

量子信息技术可以突破现有的经典信息系统的极限,在提高运算速度、确保信息安全、增大信息容量等方面,对未来的计算、通信领域产生重大影响,很有可能成为信息时代新的主宰。

第 2 章 量子：未来超乎想象

## 1. 量子信息技术将促进计算能力指数级增长

量子计算是一种依照量子力学理论进行的新型计算。量子计算机处理信息的方式与传统计算机有着根本性的不同，量子计算具有天然的并行性，每增加一个量子位（等同于传统芯片中的晶体管），处理器的计算能力就会翻番，$n$ 个量子位的量子计算机的一个操作能够处理 $2^n$ 个状态。例如，500 个量子位的量子计算机可以在每一步做 $2^{500}$ 次运算，这是一个可怕的数字，比地球上已知的原子数还要多。量子计算机一旦实现，计算速度将较目前实现数十亿倍的提升。

## 2. 量子信息技术使通信突破光速的限制

根据量子理论，微观粒子可以处于量子叠加态。如果有两个电子，它们的自旋态有四种可能：上上，下下，上下和下上。把它们制备到相互纠缠的状态：自旋同时向上和同时向下的叠加态。当我们测量出一个电子的自旋是向上（向下）的，那么另外一个电子的自旋态就塌缩到向上（向下）的状态，不论电子之间的距离到底有多远。这个塌缩是瞬时的，传递速度超越了光速。目前的实验已经证明：量子纠缠的传输速度至少比光速高 4 个数量级，即量子纠缠的作用速度至少比光速快 10 000 倍，这还只是速度下限。根据量子理论，测量的效应具有瞬时性质。利用这一原理，人们可以制备出一对纠缠粒子，把它们放在不同的位置，当这边的粒子一动，另一边的粒子立刻做出同样的变化。这就是理想的量子通信原理，从原理上看，它能够实现没有时间滞后、绝对实时的信息传递，这对于未来实现星际旅行的人类具有极为重大的意义。

### 3. 量子信息技术使安全的通信成为可能

目前的常规通信多采用加密技术解决安全通信问题。但是，密码总存在被破译的可能。在量子计算出现以后，采用并行运算，对当前的许多密码进行破译变得易如反掌。而量子态具有测不准和不可克隆的属性使量子密码具有不可破译、不可窃听性，使量子通信成为一种非常安全的通信方式，即"量子密钥分配"，它允许某人发送信息给其他人，而只有使用量子密钥解密后才能阅读信息。如果第三方拦截到密钥，鉴于量子力学的诡异特性，信息会变得毫无用处，也没人能够再读取它。这可以从根本上解决国防、金融、政务、商业等领域的信息安全问题。

## 03 Section 量子信息技术的发展现状

鉴于量子信息技术的重要性，美国、中国、加拿大、日本、澳大利亚及欧洲等国均对量子信息技术的研究投入大量资金，并取得初步成效，开始走向现实应用，例如，在量子通信、量子计算、量子导航等方面的应用。其中，美国、加拿大等国在量子计算方面处于世界领先地位；中国在量子密钥通信、量子计算方面也取得了巨大进步。欧洲在通信中转基站技术方面处于领先地位。

### 1. 量子通信网络

目前的量子通信工程仍然采用传统技术（光纤和激光）来传递信息，

即只是给信息加密的密钥用量子原理来分配、传递密钥，它的传播速度等同于光速，和传统的通信方式一样。

2003年，美国DARPA资助哈佛大学建立了世界首个量子密钥分发实验系统和量子保密通信组网应用。此后，美国、日本、欧洲多国相继建成了瑞士量子、东京QKD和维也纳SECOQC等量子保密通信实验网络，演示和验证了城域组网、量子电话、选举投票保密等方面的应用。2013年，美国独立研究机构Battelle公布了环美量子通信骨干网络项目，计划采用分段量子密钥分发，结合安全授信节点进行密码中继的方式为谷歌、微软、亚马逊等互联网巨头的数据中心之间的通信提供量子安全保障服务。

美国在"保持国家竞争力"计划中，把量子信息作为重点支持课题。计划建立起连接包括谷歌、IBM、微软等公司的数据中心，总长超过10 000千米的环美量子通信骨干网络。欧盟"基于量子密码的安全通信"工程集中了40个研究组，发布了技术和商业白皮书。欧盟发布《量子宣言》，宣布将投资10亿欧元，促进量子通信网络等技术的发展。日本提出了量子信息技术长期研究战略，计划在5～10年内建成全国性的高速量子通信网。

2007年中国科学技术大学（中科大）在北京打通了国内首个光纤量子电话，之后相继在北京、济南、安徽芜湖与合肥等地建立了多个城域量子保密通信示范网、金融信息量子保密通信技术验证专线以及关键部门间的量子通信热线。2014年，量子保密通信京沪干线项目通过评审并开始建设，计划建成北京和上海之间，基于安全授信节点密码中继，距离超2000千米的国际首个长距离光纤量子保密通信骨干线路。2016年8月16日，世界首颗量子科学实验卫星"墨子号"在酒泉卫星发射中心成功发射。卫星重达600多千克，每90分钟绕地球一周。中国科学家将向卫星发射光离子，测试量子物理是否能够保证远距离通信的安全。中科院院士、中国科学技术大学教授、量子通信卫星工程首席科学家潘建伟表示，在"天地一体化"的全球量子通信基础设施的支持下，就可以构建基于信息安全保障的未来互联网。"墨子号"将会配合5个地面台站，首次在太空与地面之间开展远距离量子通信的实验研究，它将向地球发送不可破解的密钥，建立"不可截获的"通信渠道，为建立一个极其安全的覆盖全球的通信网络奠定基础，同时将开展对量子力学基本问题的空间尺度实验检验，加深人类对量子力学自身的理解。

## 2. 量子计算机：从研发到量子霸权的出现

加拿大D-Wave系统公司2007年就宣布研发出量子计算机，并在2012年获得亚马逊创始人杰夫·贝索斯（Jeff Bezos）与美国中情局的投资。美国高度重视量子计算机的研发，并制订了"微型曼哈顿计划"，研制量子芯片。2013年，谷歌与NASA联合成立了量子人工智能实验室，从D-Wave系统公司购买了一台量子计算机，共同开展量子计算机的研究项目。2014年，IBM宣布将投资30亿美元开展量子计算等相关信息技术的研究。2015年，谷歌量子人工智能实验室宣称：在测试中的D-Wave2X量子计算机的运行速度比传统模拟装置计算机芯片运行速度快1亿倍。2016年3月，澳大利亚格里菲斯大学和昆士兰大学的科研人员表示，其首次发现了一种可以简化创造量子"Fredkin逻辑控制门"的方法，使人类距离实现完全意义的量子计算机又迈进一大步。2016年3月，美国《科学》杂志刊文表示，量子计算硬件研究取得突破，量子时代或将到来。2016年4月，美国国家标准与技术研究院（NIST）发布了主题为"后量子密码学"的研究报告，指出现有公钥密码体制在量子时代将不再安全，有必要研究推广可对抗量子攻击的新型密码标准。2016年IBM

公司宣布其在量子计算硬件研究上取得突破性进展。2018年1月，英特尔展示了49量子位的超导量子测试芯片"Tangle Lake"；同年11月，微软发布了云上的量子计算工具，企业用户可以使用它加强传统计算机的算力。2019年1月，IBM在2019年国际消费电子展（CES）上宣布推出IBM Q System One™，该系统是世界上首个专为科学和商业用途设计的集成通用近似量子计算系统。2019年9月20日，科技巨头谷歌一份内部研究报告显示，其研发的量子计算机成功在3分20秒时间内，完成传统计算机需1万年时间处理的问题（IBM认为谷歌有夸大之嫌，在一个经典系统上完成同样的任务只需2.5天，而不是谷歌所说的1万年），并声称是全球首次实现"量子霸权"，并将其成果发表在2019年10月份的《自然》期刊上。谷歌在论文中声称其开发出了一款54量子比特数的量子芯片，名为"悬铃木"（Sycamore），由铝、铟、硅晶片和超导体（约瑟夫森结）等材料组成，每个量子比特和临近的4个量子比特耦合。

2015年7月，阿里巴巴与中科院联合成立了量子计算联合实验室，希望结合双方优势，用10～15年的时间研制出新一代的量子计算机。中科院相关专家称"新一代量子计算机能够解决目前世界上最好的超级计算机都无法解决的问题，而速度将比天河二号快百亿亿倍"。如果按中国10亿人口计算，百亿亿倍就相当于我们每个人能分到10亿台天河二号。

2020年12月4日，中国科学技术大学宣布该校潘建伟等人成功构建76个光子的量子计算原型机"九章"，求解数学算法高斯玻色取样只需200秒。

### 3. 量子导航

全空域、全时域的无缝定位导航是未来定位导航产业的技术制高点。

随着量子精密测量技术的快速发展，基于量子精密测量的陀螺及惯性导航系统具有高精度、小体积、低成本等优势，将对无缝定位导航领域提供颠覆性新技术。目前，美国、英国、中国均在量子导航取得显著成绩。北京自动化控制设备研究所在原子陀螺仪上的技术突破使现有应用于高端装备的无缝定位导航系统的体积、质量、功耗、成本等下降约两个数量级，将应用于大众定位导航市场，可在微小体积、低成本条件下实现米级定位精度，提供不依赖卫星的全空域、全时域无缝定位导航新服务。

### 4. 存在问题

远距离量子通信最大的难题是光子会丢失。光子发射一段距离后就会衰减，若没有中间站"在路上帮它调整状态"，它就无法完成穿越。因此，量子通信要解决的两个基本问题是：让光子保持量子纠缠状态的距离变得更长，让光子传输的速度更快。中国科学技术大学潘建伟、包小辉等人在国际上首次研制出百毫秒高性能量子存储器，存储寿命更长，读出效率更高，为远距离量子中继系统的构建奠定了坚实基础。在目前的理论框架内，量子通信的载体还是光，未来除非有颠覆相对论的理论，否则信息传递速度还是不能超越光速。

目前的量子信息技术还未被完全攻破，产品也还不成熟，多处于科研阶段，离真正的商业应用还有相当一段距离。例如，量子通信只是运用了量子的加密功能，并未实现其超光速传输能力；量子纠缠纯态的制备和储存还无法满足量子计算机在常规条件下的稳定运行。就连最早研制出量子计算机的加拿大 D-Wave 系统公司生产的量子计算机也尚未利用量子相干性和纠缠性等核心技术，最多是一个有量子效应的计算机。而且，量子计算也只是应用在特定计算上，还无法像常规计算机一样实现普遍应用。诺贝尔物理学奖得主，专门研究量子信息的法国科学家塞尔日·阿罗什在其诺贝尔获奖演讲词中说：量子计算机看起来像一个"乌托邦"。中国科学院院士郭光灿在评价量子计算时也说过类似的话，"谷歌研发的这个量子计算机，是在很短时间里可以针对性地解决这样那样相应的问题，而不可能在所有时间里处理任何问题都行，它们还不能实现常态化的、长时间的运算能力，相干时间就那么短，所以有争议……不过虽然有争议，但它起码证明量子计算机的科研是往前走了，这是一个进展。"

## 04 Section 对经济和社会的影响

在量子计算方面，量子计算机有望成为下一代计算机已经逐渐成为业内共识。另外，在通信、导航、人工智能、大数据、太空探索、先进军事高科技武器和新医疗技术等高精端科研领域，量子信息技术都具有巨大的市场空间。量子信息技术一旦突破，将引发一场技术革命，对经济和社会产生连锁反应。

### 1. 量子信息技术对现有密码技术形成挑战

未来，如果量子计算得到应用，现有的密码破解将变得易如反掌，从而对个人隐私、金融系统、电子商务、国防、互联网信息安全的基础造成严重威胁。这会加速现有加密体系的崩溃，并催生新的加密方法，如量子加密技术。谁先在这方面取得成功，谁就有可能瞬间掌握其他国家或者公民的大量秘密或者私密信息。如果被不法分子利用，后果不堪设想。2020年4月，美国智库兰德公司发布报告《量子计算时代的安全通信》，认为能够破解现有加密系统的量子计算可能会在2033年左右出现。

### 2. 引发技术革命，促进人类文明进步

量子信息技术有可能引发一场技术革命。基因分析、药物研制、气候控制、宇宙探索……这些以前人类需要耗费很长时间才能完成的事情，有了量子信息技术，一切皆有可能。由于其强大的计算能力，可以解决在电子计算机上无法解决的复杂性问题，为人类提供一种性能强大的新模式的运算工具，大大增强人类分析和解决问题的能力，将全方位地大幅推进各领域研究。人类一旦掌握了这种强大的运算工具，生产效率将大幅提高，从而促进人类文明的进步。

### 3. 有助于推动大数据的应用

数据、视频、照片、文档……信息时代人类信息约以每年50%的速度增长，数据海洋呈爆发式增长。但是，对这些数据进行及时处理和应用需要强大的计算能力。量子计算使处理大规模的复杂数据成为可能。例如，量子计算可以更好地分析处理客户数据，使企业了解客户需求，及时调整生产计划；可以更迅速地对大量侦查数据资料进行筛查，帮助警察快速破案，打击犯罪分子；可以快速对交通、天气等信息进行分析，使市民得到及时、准确的交通、天气信息，更好地安排自己的出行；可以迅速解码DNA，帮助医生分析、查找疾病原因，制订治疗方案，减少不治之症；可以对卫星、雷达等收集的大量数据迅速分析和处理，协助国防人员更好地对国土安全进行监测，保卫国家主权。

### 4. 帮助人类走向宇宙空间

最新的实验表明，量子超距作用传递速度至少是光速的一万倍，如此快速的传递速度如果能在宇宙中应用，将使宇宙中的通信变得更容易；而量子计算机可处理太空望远镜获得的更多数据，并发现更多系外行星，帮助人们迅速确认哪些行星最有可能适合生命生存。未来，"宇宙村"的建立将成为可能。

### 5. 有助于芯片产业跨越式发展

中国目前的芯片产业尚无法与欧美等发达国家相提并论。而量子计算所需的量子芯片对于各国都处于研究阶段，尚未实现大规模应用。如果能够抓住此次机会，中国的芯片产业有可能实现弯道超车。

# 第 3 章
Chapter 3

## 引力波探测：感知时空脉动

# 第3章 引力波探测：感知时空脉动

2015 年 9 月 14 日，位于美国华盛顿州和路易斯安那州的"先进 LIGO"激光干涉仪探测到了一次黑洞合并事件，这是人类第一次成功探测到的引力波信号 GW150914。2017 年 10 月 3 日，由于在引力波领域的突出贡献，美国麻省理工学院雷纳·韦斯（Rainer Weiss）、加州理工学院基普·索恩（Kip Thorne）和巴里·巴里什（Barry Barish）被授予 2017 年诺贝尔物理学奖。

## 01 Section 什么是引力波

引力波（Gravitational-Wave）来源于爱因斯坦的广义相对论。1916 年，爱因斯坦发表论文，认为基于广义相对论，在非球对称的物质分布情况下，物质运动，或物质体系的质量分布发生变化，即物质分布改变时，时空也会相应变化，这一变化会以波动的形式以光速传播，即引力波。

在宇宙中，巨大的天体会扭曲环绕它们的时空，例如，中子星或者黑洞，它们成对出现彼此环绕，之间相互作用会在时空上产生波纹。而当发生黑洞之间、中子星之间的并合碰撞等剧烈的天体物理过程时，物质分布便在短时间内发生大的改变，时空分布随之改变，从而使空间波纹发生变化，并以光速传播，因此引力波的本质就是时空曲率的波动，也可以唯美地称之为时空的"涟漪"，这也是有人将其称为"空间波"的原因。如果把时空想象成一张巨大而平整的沙发，那么你坐在沙发上，重量自然会导致沙发凹陷。如果在你旁边放一个小球的话，那么小球也会因为你的重量滚向你所造成的凹陷中。

# 02 引力波探测装置的发展
Section

## 1. 引力波的探测原理

引力波产生之后，经过之处会发生时空扭曲现象，目前的引力波主要探测原理是测量引力波通过时对两个相隔遥远位置之间距离的影响。而具体的实现方法是通过建造干涉仪，利用光的干涉原理，观察引力波造成的干涉波形图样。在引力波的影响下，会出现微小的光波波形变化，这时光探测器就能感应到干涉条纹的变化。干涉条纹最理想的状态就是从无到有，原本是完全互相抵消的，如果被引力波影响，就会形成干涉波形图样。这个想法早在 1962 年，由俄国物理学者麦可·葛特森希坦与弗拉基斯拉夫·普斯投沃特在其发表的论文中提出，之后弗拉基米尔·布拉金斯基、约瑟·韦伯与莱纳·魏斯等人也提出类似的想法。

## 2. 引力波干涉仪的建造

1971 年，约瑟·韦伯的学生罗伯特·弗尔沃德建成臂长 8.5m 的引力波干涉仪雏形，经过 150 小时的探测，遗憾的是弗尔沃德并未探测到引力波。

1984 年，美国加州理工学院与麻省理工学院合作设计与建造了激光干涉引力波天文台（Laser Interferometer Gravitational-Wave Observatory，

## 第 3 章　引力波探测：感知时空脉动

LIGO）。1999 年，在美国路易斯安那州的利文斯顿（Livingston）与华盛顿州的汉福德（Hanford）分别建成相同的探测器，两地相距 3000 多千米，这样一来，就可以通过超级计算机比对两者采集到的数据，并通过算法来排除许多干扰信息。2002 年正式进行第一次引力波探测，2010 年结束数据搜集。在这段时间内，并未探测到引力波，但是整个团队获得了很多宝贵经验，探测灵敏度也有所改善。

2000 年世界上先后建成多座引力波干涉仪探测设施，如日本的 TAMA300、德国的 GEO600、美国的 LIGO 和意大利的 Virgo 等。在 2002 年至 2011 年，这些探测设施进行了联合观测，但最终都没有取得有价值的探测结果。2010 年至 2015 年，LIGO 又经历了大幅度改良，升级后的探测器被称为"先进 LIGO"（aLIGO），于 2015 年再次开启运作，并于 2015 年 9 月 14 日与 Virgo 等引力波探测器合作成功探测到引力波。

因此，引力波的探测得益于探测装置的不断改进和其越来越高的灵敏度。为了能够获得更清晰的干涉波形，需要激光的强度足够大，也就是功率要足够大，那么增强激光功率的方法，就是让激光通过许多镜面进行多次来回反射。

LIGO 的反射镜片由纯二氧化硅打造，有着超乎想象的反射率。这些反射镜片每 300 万个光子射入，只有 1 个光子会被留下，其余光子全部被反射掉。另外，LIGO 本身的激光臂长 4 千米，但这对于精度而言还远远不够，激光要经过 400 次反射，才能达到最终的强大功率，也就是说，激光臂经过反射后，最终长度可以达到 1600 千米，通过这样惊人的长度才能实现最终的精准率。

### 3. 引力波探测难度相当大

原则上，引力波在各个频率上都有，不过非常低频的引力波是不可能被探测到的，在非常高频的区域，也没有可靠的引力波源。

大质量物体运动时所产生明显的引力波变化会以光速像波一样向外传播，在观测者处的引力波强度和与波源间的距离成反比。根据预测，螺旋形的中子双星系统由于质量高、加速度高，因此在合并时会发射出强大的引力波。但是因为天文距离尺度之大，就算是最激烈的事件所产生的引力波，在到达地球后效应已变得极低，其应变的数量级低于 $10^{-21}$，只有氢原子的 100 亿分之一大小。比如，引力波信号 GW150914 在最后的剧烈合并阶段所产生的引力波，在穿过 13 亿光年之后到达地球，仅仅将 LIGO 的 4 千米臂长改变了一个质子直径的万分之一，即相当于将太阳系到我们最近恒星之间的距离改变了一个头发丝的距离。这种极其微小的变化，如果不借用异常精密的探测器，我们根本是探测不到的。这也是为什么早在 1916 年爱因斯坦就预测引力波的存在，却一直到 100 年后的 2015 年才首次探测到引力波的原因。

### 4. 引力波探测大事件

（1）双黑洞并合探测

2015 年 9 月 14 日，LIGO 完成了人类历史上第一次引力波探测。一个 36 太阳质量的黑洞与一个 29 太阳质量的黑洞碰撞，然后并合为一个 62 太阳质量的黑洞，失去的 3 个太阳质量转化为引力波的能量。自 1916 年至 2015 年首次直接探测到引力波，人类已寻找了它 100 年。

2015年12月26日、2017年1月4日、2017年8月14日LIGO又先后三次探测到黑洞并合产生的引力波。

(2)双中子星并合探测

2017年10月16日,包括中国南京紫金山天文台和美国宇航局在内,全球数十家天文研究机构的科学家宣布人类第一次探测到双中子星并合引力波,并同时"看到"该宇宙事件发出的电磁信号。这是人类成功探测到的第一例双中子星引力波事件,也是人类首次窥见引力波源头的奥秘。

《自然》(Nature)文章称,与此前LIGO探测到的双黑洞并合引力波不同,双中子星并合不仅产生引力波,还产生电磁波,因此双中子星并合可以被引力波探测设备"听"到,还可以被天文望远镜"看"到。此外,双黑洞并合引力波一般持续1秒甚至更短时间,而双中子星并合引力波可持续1分钟之久。

## 03 Section 发现引力波的意义和可能产生的影响

### 1. 探索宇宙起源与演化

通过研究引力波,科学家们能够区分最初宇宙奇点所发生的事情。引力波有两个非常重要而且比较独特的性质。第一,不需要任何的物质存在于引力波源周围。这时就不会有电磁辐射产生。第二,引力波能够几乎不受阻挡地穿过行进途中的天体。比如，来自遥远恒星的光会被星际介质所遮挡，而引力波能够不受阻碍地穿过。这两个特征使得引力波携带更多之前从未被观测过的天文信息。

用引力波作为探测工具，可以了解数十亿年前黑洞发射这些波的特点，如质量和质量比率的信息，这些都是充分了解宇宙特性及进化的重要数据。探测引力波，有助于从另一个视角研究天体内部的物质组成，有助于我们了解宇宙的演化。引力波带来的，是一个"听觉"上的宇宙，那里有大爆炸、大振荡和大冲撞，这是以往的探测手段所发现不了的。引力波的成功探测让我们重新认识了宇宙。

### 2. 发现贵金属等元素起源

通过引力波光学信号的观测和光谱分析，可以分析元素的变化情况。例如，中子星并合是宇宙的"巨型黄金制造厂"，借助引力波探究中子星，可以让人类窥见金、银等超铁元素是如何在宇宙的"盛大焰火"中产生的。中子星的一次碰撞，抛出的碎块中形成的黄金足有300个地球那么重。

### 3. 探索黑洞并合等现象，捍卫人类整体安全

我们正在迅速迈向一个发现引力波变得习以为常的时代。随着技术的发展，科学家也将发现更多有关黑洞和中子星性质的新细节。虽然黑洞距离我们有50亿光年那么远，看似对我们没有什么伤害，可是没人能保证黑洞的安全性。科学家们也正在密切观察黑洞的动向，以及寻找各种引力波的来源。

## 4. 引力波探测成功后物理理论如何发展

100年来，广义相对论不停地被各种观测到的现象所验证，可以说是最接近宇宙真相的理论了，但是引力波的预言以前始终因为探测技术所限，没有被证实。如今，引力波也被证实了，这是否预示着是物理理论的终结还是未来新的物理理论诞生的起点？

下个物理探索在哪里？人类还能继续理论突破吗？

# 第 4 章
## Chapter 4

# 冷原子钟：助力空间探索

# 第4章 冷原子钟：助力空间探索

从中国科学院空间应用工程与技术中心获悉，我国天宫二号空间实验室搭载的世界首台太空运行的冷原子钟，在轨近两年时间里完成了全部既定的测试任务，实现了3000万年误差小于1秒的预定目标，将目前人类在太空的时间计量精度提高1~2个数量级。该成果作为亮点文章于2018年7月24日在线发表在国际重要学术期刊《自然·通讯》上。或许对大多数人而言这并没有什么意义，但对国家而言这个进步意味着很多原来并不能进行的实验已经可以开始着手，并能够大幅度地提高实验结果的精确度。

## 01 Section 什么是冷原子钟

### 1. 原子钟

原子钟是利用原子振荡频率来确定的时间频率标准。原子由原子核与外层电子组成，原子核带正电，带负电的电子绕着原子核运动。每个元素中的电子与原子核的距离不同，但只能处于一个特定的能级或"轨道"。当电子吸收能量时，它们会跃迁到更高的能量状态（将其看成是远离原子核）；当电子释放能量时，它们会跃迁到较低的能量状态（将其看成是接近原子核），损失的能量作为电磁辐射（微波、光波等）被释放出来。能量状态之间的这种跃迁就是原子钟要测量的"振荡"频率。

原子振荡频率误差取决于频率跃迁谱线的宽度。一般而言，谱线越窄，原子钟的精度越高。早期的原子钟基于常温下的激光，但常温下的原子处于剧烈运动中，提取和观察会受原子热运动的影响。

## 2. 冷原子钟

冷原子钟是通过降低原子温度，使原子能级跃迁频率更少地受到外界干扰，从而实现更高精度的原子钟。图4-1是中国科学院上海光学精密机械研究所研制的空间冷原子钟外形及其工作原理结构示意图。目前，最准确的原子钟是将原子冷却到接近绝对零度的温度，用激光减慢原子热运动并在充满微波的空腔中的原子容器中对原子进行探测，对这些几乎不动的原子进行测量，结果会更加准确。例如NIST-F1原子钟，它是美国的国家主要时间和频率标准之一。

空间冷原子钟主要利用了空间的微重力环境。在微重力环境下，原子团可以做超慢速匀速直线运动。处于纯量子基态上的原子经过环形微波腔，与分离微波场两次相互作用后产生量子叠加态，经由原子双能级探测器测出处于两种量子态上的原子数比例，获得原子跃迁概率，改变微波频率即可获得原子钟的冉赛条纹谱线，利用该谱线反馈到本地振荡器即可获得高精度的时间频率标准信号。预计在微重力环境下所获得的冉赛条纹谱线线宽可达0.1Hz，比地面冷原子喷泉钟谱线窄一个数量级，从而可以获得更高精度的原子钟信号。

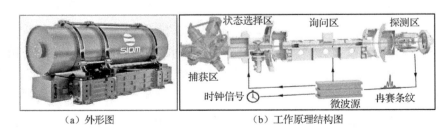

图4-1 空间冷原子钟外形及其工作原理结构示意图

## 02 冷原子钟可以做什么

原子钟是已知的最准确的时间和频率标准，它的发展带来了许多科学和技术的进步，并且被用于国际时间分配服务的主要标准，例如，在互联网中的应用主要依赖于频率和时间标准。原子钟安装在时间信号无线电发射器的位置。原子钟被用于一些长波和中波广播电台，以提供非常精确的载波频率。

在空间环境下可靠运行的高精度冷原子钟应用于导航定位系统将会提升系统自主运行能力、提高导航定位精度。在基础物理研究方面，对推进基本物理常数测量、广义相对论验证等精密测量的发展具有重要意义，如引力红移测量、探测引力波、光速各向异性的测量、引力梯度测量以及暗物质等。此外，空间冷原子钟的相关技术还将应用于空间量子传感器等多个领域。

### 1. 无线电时钟

无线电时钟是通过无线电接收器接收的国家无线电时间信号自动同步时钟。许多零售商将无线电时钟作为原子钟销售，尽管它们接收的无线电信号源自原子钟，但它们本身并不是原子钟。普通的低成本消费级接收机完全依赖于调幅时间信号，并使用窄带接收机（10Hz 带宽）和小铁氧体环形天线以及具有非最佳数字信号处理延迟的电路，因此只能预期确定开始的一秒，实际精度不确定度为±0.1 秒。仪器级的时间接收器提供更高的精度。对于距离无线电发射器每 300 千米设备会导致大约 1 毫秒的传输延迟。因此，国家为了计时的便利而管控着无线电发射机。

## 2. 全球卫星导航系统

原子钟最为重要的应用之一便是用于全球定位的导航系统。定位导航系统在国防、工业、农业、科研、运输和环境等诸多科学技术中有着广泛的重要应用。

由美国空军太空司令部控制的全球定位系统（GPS）提供非常精确的定时和频率信号。美国的 GPS 系统基于地面观测对星载原子钟性能进行过大量研究，而基于空间冷原子钟对星载钟性能研究具有更大优势。GPS 接收器通过测量最少四个 GPS 卫星信号的相对时间延迟来工作，每个 GPS 卫星具有至少两个板载铯和多达两个铷原子钟。相对时间在数学上被转换为三个绝对空间坐标和一个绝对时间坐标。GPS 时间（GPST）是一个连续的时间尺度，理论上精确到约 14 纳秒（ns，$1ns=10^{-9}$s）。GPST 与 TAI（国际原子时）和 UTC（协调世界时）有关但不同。GPST 与 TAI 保持恒定的偏移（TAI-GPST = 19 秒），并且 TAI 没有实现闰秒。对卫星中的星上时钟进行定期校正，以使它们与地时钟保持同步。GPS 导航消息包括 GPST 和 UTC 之间的差异。截至 2015 年 7 月，GPST 比 UTC 早 17 秒，因为 2015 年 6 月 30 日闰秒加入了 UTC。

由俄罗斯航空航天国防军运营的全球卫星导航系统（GLONASS）提供了全球定位系统（GPS）系统的替代方案，是全球覆盖范围和精度相当的第二个航行系统。GLONASS 的时间（GLONASST）由 GLONASS 中央同步器生成，通常优于 1000ns。与 GPS 不同，GLONASS 时标实现了闰秒，如 UTC。

# 第4章 冷原子钟：助力空间探索

由欧盟主导的伽利略卫星导航系统（Galileo satellite navigation system）于 2016 年 12 月 15 日开始提供全球早期作战能力（EOC），提供第三个和第一个非军事应用的全球卫星导航系统。伽利略系统时间（GST）也是一个连续的时间尺度，由精确计时设施在意大利富尔奇的伽利略控制中心的地面上生成。伽利略系统提供 30ns 的定时精度。每颗伽利略卫星都有两个无源氢脉泽和两个铷原子钟，用于船舶定时。伽利略导航消息包括 GST、UTC 和 GPST 之间的差异（以促进互操作性）。

中国北斗卫星导航系统（BeiDou Navigation Satellite System，BDS）是中国自行研制的全球卫星导航系统。其中，BeiDou-2（BD）卫星导航系统正在建设中，但是必须增加计划中的额外卫星以实现其全面覆盖全球的星座目标。北斗时间（BDT）是从 2006 年 1 月 1 日 0:00:00 UTC 开始的连续时间刻度，并在 100ns 内与 UTC 同步。北斗卫星导航系统于 2011 年 12 月在中国投入运营，使用了 10 颗卫星，并于 2012 年 12 月开始向亚太地区的客户提供服务。2017 年 11 月 5 日，中国第三代导航卫星顺利升空，它标志着中国正式开始建造"北斗"全球卫星导航系统。

## 03 Section 冷原子钟的意义

### 1. 时间的定义更精准

对时间的认识与对时间的计量是一个古老的学科，例如，我们常常用到的形容整个世界的词语是"宇宙"，"四方上下曰宇，往古来今曰宙"。这是古人朴素的时空统一观念。基于天文时的天文历法一直是一个文明的重要标志，对于农耕文明而言，历法的精度会对社会生活产生重要影响，天文历法的特点就是看重长时间累计误差而忽视时间的细小精度。

19 世纪中叶，人们在摆钟装置的基础上逐渐发展出日益精密的机械钟表，使机械钟表的计时精度达到基本满足人们日常计时需要的水平。

从 20 世纪 30 年代开始，随着晶体振荡器的发明，小型化、低能耗的石英晶体钟表代替了机械钟，广泛应用在电子计时器和其他各种计时领域，一直到现在，成为人们日常生活中所使用的主要计时装置。

从 20 世纪 40 年代开始，现代科学技术特别是原子物理学和射电微波技术蓬勃发展，科学家们利用原子超精细结构跃迁能级具有非常稳定的跃迁频率这一特点，发展出比晶体钟更高精度的原子钟。

1967 年第 13 届国际计量大会将时间"秒"进行了重新定义："1 秒为铯原子基态的两个超精细能级之间跃迁所对应的辐射的 9 192 631 770 个周期所持续的时间。"

自从有了原子钟，人类计时的精度以几乎每十年提高一个数量级的速度飞速发展，20 世纪末达到了 $10^{-14}$ 量级，即误差约为 1 秒/300 万年，在此基础上建立的全球定位导航系统（如美国的 GPS），覆盖了整个地球 98%的表面，将原子钟的信号广泛地应用到了人类活动的各个领域。

随着激光冷却原子技术的发展，利用激光冷却的原子制造的冷原子钟使时间测量的精度进一步提高。到目前为止，地面上精确度最高的冷原子喷泉钟的误差已经缩小到 1 秒/3 亿年，更高精度的冷原子光钟也在飞速发展中。精确革命正在到来。

# 第4章 冷原子钟：助力空间探索

2018年7月25日，中国科学院发布消息，在天宫二号使用的空间冷原子钟实现了天稳定度 $7.2\times10^{-16}$ 的超高精度，将太空时间精度提高了1～2个数量级。

## 2. 人类科学探索更上一个台阶

由于空间冷原子钟可以在太空中对其他卫星上的星载原子钟进行无干扰的时间信号传递和校准，从而避免大气和电离层多变状态的影响，使得基于空间冷原子钟授时的全球卫星导航系统具有更加精确和稳定的运行能力。这种能在空间环境下可靠运行的高精度原子钟应用于导航定位系统将会提升系统自主运行能力以及导航定位精度。在基础物理研究方面，对推进基本物理常数测量、广义相对论验证等的发展具有重要意义。

爱因斯坦最大的贡献之一就是用相对论把原本独立的空间、时间和物质联系起来。这就导致所有的现代物理和空间探索都需要高精度原子钟。从应用的角度，目前，全球导航卫星系统（Global Navigation Satellite System，GNSS）也是基于高精度原子钟，也就是用更高精度的原子钟为导航卫星进行定位和时钟同步，这样才可能为我们提供更准确的"时间""位置"信息，从而为其他科研数据的得出奠定坚实的基础。例如，空间冷原子钟的成功将为空间高精度时频系统、空间冷原子物理、空间冷原子干涉仪、空间冷原子陀螺仪等各种量子敏感器奠定技术基础，并且在全球卫星导航定位系统、深空探测、广义相对论验证、引力波测量、地球重力场测量、基本物理常数测量等一系列重大技术和科学发展方面做出重要贡献。

总而言之,"时间"成为现代科学技术中测量准确度最高的基本物理量,通过各种物理转化,可以提高长度、磁场、电场、温度等其他基本物理量的测量精度,是现代物理计量的基础。而冷原子钟的发展将为人类探索宇宙空间提供有利的工具。

# 第 5 章
Chapter 5

## 你能做的，机器人也可以

1962 年 Unimation 公司生产出第一台机器人 Unimate 并在通用汽车公司（GM）投入使用。至今，机器人已经有 50 多年的发展历程了，这期间，机器人技术不断取得重大进展。机器人最初被用来完成肮脏、枯燥以及具有危险性的任务。如今，机器人技术已经应用到更广泛的领域。2016 年 3 月谷歌旗下 DeepMind 公司的人工智能程序"阿尔法狗"（AlphaGo）对战世界围棋冠军、职业九段选手李世石，并以 4∶1 的总比分获胜，引起了人们对具有人工智能的机器人的高度关注。2020 年 8 月，在美国国防部举办的"阿尔法狗格斗"模拟飞行直播对抗赛中，赫伦系统公司的人工智能以 5:0 的比分击败美国王牌空军飞行员，让人们见证了人工智能战斗机的威力。

## 01 Section 什么是机器人

### 1. 机器人一词的来源和机器人三原则

机器人一词最早来源于科幻小说。1920 年捷克斯洛伐克作家卡雷尔·恰佩克在他的科幻小说《罗萨姆的机器人万能公司》中，根据 Robota（捷克文，原意为"劳役、苦工"）和 Robotnik（波兰文，原意为"工人"），创造出"机器人"这个词。1942 年，科幻作家阿西莫夫在电影《我，机器人》中第一次明确提出了"机器人三原则"。第一条：机器人不得伤害人类，或看到人类受到伤害而袖手旁观；第二条：机器人必须服从人类的命令，除非这条命令与第一条相矛盾；第三条：机器人必须保护自己，除非这种保护与以上两条相矛盾。

## 2. 机器人的定义

机器人是指自动执行工作的机器装置，它既可以接受人类指挥，又可以运行预先编排的程序，还可以根据人工智能技术制定的原则纲领行动，来协助或取代人类的工作。机器人是靠自身动力和控制能力来实现各种功能的一种机器。联合国标准化组织采纳了美国机器人协会给机器人下的定义："一种可编程和多功能的，用来搬运材料、零件、工具的操作机；或是为了执行不同的任务而具有可改变和可编程动作的专门系统。"我国科学家对机器人的定义是："机器人是一种自动化的机器，所不同的是这种机器具备一些与人或生物相似的智能能力，如感知能力、规划能力、动作能力和协同能力，是一种具有高级灵活性的自动化机器。"

机器人是历史的产物。随着社会发展，机器人的概念也在不断变化。以往，机器人主要是指具备传感器、智能控制系统、驱动系统三个要素的机器。然而，随着数字化的进展、云计算等网络平台的充实及人工智能技术的进步，一些机器人即便没有驱动系统，也能通过独立的智能控制系统驱动，来联网访问现实世界的各种物体或人类。未来，随着物联网世界的进化，机器人仅仅通过智能控制系统，就能够应用于社会的各个场景之中。如此一来，兼具三个所有要素的机器才能称为机器人的定义，将有可能发生改变，下一代机器人将会涵盖更广泛的概念。以往并未定义成机器人的物体也将机器人化。例如，无人驾驶汽车、智能家电、智能手机等也将成为机器人。

## 02 机器人涵盖哪些技术领域

机器人是涉及机械学、电子工程学、计算机科学、控制论、生物学、人类学、社会学等多个领域的技术。例如，对于人类很简单的上下楼梯、取放物品等活动，机器人却并不容易实现，需要在高精度、高可靠性感知、规划和控制性等关键技术方面有所突破。

应用于不同领域的机器人所需的关键技术也有所不同。制造业机器人涉及的技术能力包括：①机器人的学习和适应能力，特别是在不确定环境（非结构化环境）中，机器人通过"迭代学习"技术或者不断观察人类执行任务的示范学习，调整参数以优化性能，适应不断变化的环境，从而使机器人能够像工人一样在加工制造环境中进行灵活性操作。②建模、分析、仿真和控制技术，实现生产制造的模拟与控制。③控制和规划技术，未来的机器人将需要能够处理具有更大不确定性的系统，这就需要其具备更先进的控制和规划算法、更广泛的冗余度、比当前系统可以控制更多的自由度。④感知技术，机器人必须能够通过高保真的传感器或操作来减少不确定性。我们需要更好的触觉、力量传感器和更好的图像解释方法。重大的技术挑战包括非侵入式生物传感器以及能够表达人类行为和情绪的模型。⑤新型机械装置和制动装置，提高机器人的精度、可重复性、分辨率、安全性等机械性能指标。⑥人机交互，人和机器人交互操作的设计包括自然语言、手势、视觉和触觉技术，这些交互方式也是未来需要考虑的问题。另外，还包括与"云机器人"有关的技术，如大数据技术、网络技术等。医疗机器人更注重机器人对人类状态和行为的理解能力，用户身体数据的监测和预测能力，手术过程中机器人高度灵巧的操控技术，传感器自动化数据采集技术，以及稳妥、安全的机器人行为。服务机器人更注重机器人在人类生存环境下的操作与规划能力，新技能的学习能力等。空间机器人更注重机器人的自主性技术的发展。

## 03 Section 应用领域与产业发展现状

### 1. 应用领域

从工厂到日常生活，机器人的应用领域不断得到扩展。目前，机器人已经被应用于制造业、服务业、医疗保健、国防以及空间探索等各个领域。按照这些应用领域，机器人可以分为工业机器人、医疗和保健机器人、服务机器人、空间机器人、国防机器人等。每种机器人又可以细分。例如，根据国际机器人联合会的分类，医疗机器人归属于专业服务机器人，其自身可以分为诊断机器人、外科手术辅助机器人、康复机器人及其他机器人。

三个重要因素推动着机器人的应用方向不断地发生变化：①国际环境中日益激烈的生产力竞争；②人们需要在老龄化社会中提高生活质量；③使现场急救人员和士兵远离危险。经济增长、生活质量提高、急救人员的安全一直是机器人技术发展的重要驱动力。

机器人技术已经先进到足以成为"人类增强型"劳动力，可将它看作完成肮脏、枯燥和危险任务的"同事"。机器人已在许多方面证明了它的价值,比如,减少现场急救员和士兵直接接触危险环境等方面。在汶川地震之后,很多人都想对破坏造成的实际结果有更清晰的认识,这是一个很大的挑战,此时,部署机器人可对破坏的量级和环境冲击作出评估。在墨西哥湾井喷的后续处理上,也证实了一个类似的机器人系统所能发挥的作用。

未来,随着老龄化趋势的形成和机器人本质安全性的提高,机器人渗透人类的日常生活已经不可避免。机器人将成为我们的同事、朋友,同我们一起工作,陪我们下棋、打球、聊天,与我们朝夕相处。机器人可以和人类一样,加入就业大军,根据各自的专长实现就业。

### 2. 产业发展现状

在过去的40年里,在机器人应用方面取得了巨大的进步,工业机器人、医疗机器人、服务机器人、国防机器人的数量和市场规模均实现大幅度增长。由于机器人的重要性,美国、日本、韩国、德国、英国、中国等国家都投入了大量的经费进行研究。在机器人技术和制造的相关领域,投资的比例非常明显。韩国将机器人研究和教育作为21世纪前沿项目的一部分,从2002年至2012年,韩国每年投资1亿美元。欧盟已经向机器人技术和认知系统投资了6亿美元,并将其视为第七个框架计划;"地平线2020"项目投资9亿美元用于制造业和机器人技术。

2011年,美国工业机器人销售增长了44%。在一些公司,已经将机器人生产系统作为生产制造的促进者,如苹果、联想、特斯拉、富士康等。机器人的应用正从一些大公司如通用、福特、波音、洛克希德·马丁公司等过渡到中小型企业,使得一次性产品的制造呈现爆发状态。2015

## 第5章 你能做的，机器人也可以

年中国工业机器人产量为 32 996 台（包括外资品牌），同比增长 21.7%，自主品牌工业机器人共销售 22 257 台，同比增长 313.3%。2012 年以来，美的公司累计投入约 50 亿元进行了自动化改造，现在美的各类工厂内正在使用的工业机器人已达 800 多台，2015—2017 年该集团新增机器人 1700 台，后续每年以 30%左右的增幅投入机器人。根据国际机器人联合会（IFR）2020 年 9 月发布的《2020 年世界机器人技术》报告，在世界各地的工厂中正在运行的工业机器人超过 270 万台，增长了 12%，创下新的纪录。其中，亚洲是增长最快的地区，中国是亚洲最大的机器人使用地区，运营存量增长了 21%，2019 年达到了 78.3 万台。日本位居第二，约有 35.5 万台，增长了 12%。第三是印度，约为 2.63 万台，增长达 15%。欧洲存货量约为 58 万台，其中德国最多，运营存量约为 22.15 万台。美国是美洲最大的工业机器人用户，运营存量约为 29.32 万台。

医疗手术中使用机器人的数量逐年增长。最初，机器人应用仅在胸外科、妇科、泌尿科等方面。目前，在外科手术中，使用机器人已经能够把引发并发症的概率降低 80%，并且能够在很大程度上缩短住院治疗时间，使病人能够很快恢复体能并回归到正常的工作生活中。考虑到社会的老龄化，如今医疗机器人已经在包括前列腺和心脏病的手术在内的众多外科领域中功绩斐然。机器人也在康复和智能假肢方面得到应用，能够帮助人们恢复丧失的功能。远程医学和辅助机器人技术方法使得向一些偏远地区提供医疗保障成为现实，包括缺乏医疗专业知识技术支持的农村和灾后、战后地区。

机器人在专业服务与家政服务上的应用也得到大规模增长。如自动真空吸尘器、自动割草机等。服务机器人也可用于分拣应用，如分拣床上用品、餐品以及医院的药物等。2019 年，全球服务机器人市场规模为 135.0 亿美元，占整体机器人市场规模的 45.9%，所占比例不断提高，全球工业机器人市场规模为159.0亿美元，占比为54.1%。

麦肯锡曾预测机器人市场将达到万亿美元规模，其中，工业机器人占1/3，服务机器人占2/3。预计未来我国服务机器人市场将超过工业机器人，市场空间巨大。据中国机器人产业联盟（CRIA）统计，近来服务机器人市场开始迅速增长，比如，家庭娱乐用无人机、外骨骼机器人等均很受欢迎。根据赛迪研究院数据，2019年，中国机器人市场规模持续增长，达到588.7亿元，增长率为9.8%，预计到2022年，市场规模将达到991.9亿元。

### 3. 相关公司与产品

当今世界，机器人公司众多，推出了各种机器人。例如，日本本田公司推出的三代仿人机器人产品——P2、P3、ASIMO，索尼公司的SDR-3X人形娱乐型机器人，英国Essex大学的机器鱼，德国的可下楼梯的机器人，美国的机器狗，NASA研发的可远程控制的太空机器人R2，中国国防科大的机器蛇，海尔的"Ubot"等都是性能不错的机器人。

美国麻省理工学院人工智能实验室制作的机器人Kismet，能识别人类的肢体语言和说话的音调，并作出相应的反应。重新行走机器人公司（Rewalk Robotics）生产的机器人是第一个通过美国食品和药品管理局（FDA）认证的外骨骼机器人，2015年营业收入为374.6万美元。美国Ekso Bionics公司生产了一款可穿戴的、通过电池供电的仿生机械腿，将之穿在身上后，可以提供必要的支撑力，在双手手杖的辅助下，使人重新站立。这款Ekso Bionics设备的核心就是其背后的微型计算机，可以计算出最舒适的助力控制数据和模仿病人行走的习惯。

# 第 5 章 你能做的，机器人也可以

iRobot、Facebook、腾讯、百度和小米等企业也致力于人工智能聊天机器人和家庭服务类机器人。如 iRobot 公司生产的扫地机器人 Roomba，它在硬件上采用三段式吸尘系统：扫—卷—吸；在软件上，搭配 iAdapt 人工智能系统，利用先进的软件和探测技术，以 60 次/秒的运算速度，再配合 40 多种反应动作来感知清扫环境，最终完成清扫动作，保证了清扫的干净程度。另外，它还能在没电的时候自动回到充电底座上，完全地智能化。

谷歌公司为了抓住机器人的未来发展机遇，成立了波士顿动力公司，生产出 Atlas 机器人，又收购了日本的 Schaft 公司，生产出 HRP-2 机器人。这两款机器人在两年一次的 DARPA 机器人挑战赛（2013 年）中获得第一、第二的好成绩。该赛事设计了攀爬梯子、开门、清除门前垃圾、崎岖道路行走、破拆墙面、连接消防栓、关闭漏水阀门以及驾驶汽车八项比赛任务。2012 年，亚马逊意识到机器人技术的重要性，耗资 7 亿美元收购 Kiva 系统公司，从而能够将最好的技术用于数据库自动化。2016 年，阿里巴巴、鸿海集团（台湾地区富士康集团）与日本软银集团合作，推出了服务型机器人 Pepper，获得台湾地区第一银行、家乐福、国泰人寿、台新银行、亚太电信等公司的聘用（租借）。机器人月薪（租金）26 888 元新台币，服务期限为 2 年，比大学毕业生的工资 22 000 元新台币还多。

## 04 Section 对经济和社会的影响

机器人的发展有可能对每个行业造成前所未有的冲击。机器人正在走向人们的日常生活，并将影响经济的发展模式，促进产业结构变化。

### 1. 引发社会变革的技术

机器人技术是少有的几个能够产生像因特网变革那样影响的技术之一。机器人有潜力改变国家的未来，并且有望在未来几十年里像今天的计算机一样无处不在。机器人现已成为一些公司开展工作的一项关键技术，如苹果、联想、特斯拉、富士康，等等，而且在许多情况下，人们不得不依赖家人或护理员来完成如剃须、做饭、个人卫生等基本日常活动，也会依赖机器人来完成。机器人将成为我们的同事，根据其拥有的技能应聘工作，改变社会只由人类构成的现状。

### 2. 极大地提高生产率，有利于应对老龄化危机

我国正在逐渐步入老龄化社会，劳动力总数开始减少。机器人的出现正是解决这一问题的最佳方案。不但可以解决劳动力短缺的问题，还可以提高劳动生产率。目前珠江三角洲地区出现的"机器换人"体现了这一趋势。未来，随着机器人技术的成熟，越来越多的工作均可以由机器代替人，这一清单会越来越长。机器人技术的发展改变了人与机器之间的分工。随着服务型机器人的出现，由人完成的工作领域将更少。更多的人将转向设计领域和管理领域。由于机器人在许多具体的工作中，效率比人类要高，机器人替代人工的过程必然提高了劳动生产率。或者说，人类在机器人的辅助下，人均产能更高，创造的价值更大。特别是服务型机器人的出现将使服务业实现质的飞跃，改变服务业生产率低的现状，促进社会生产率的提高。人们也将有更多的时间用于学习和享受生活。

### 3. 改变制造业竞争力的技术

在生产制造领域采用机器人可能形成比外包给低工资国家更具经济竞争力的生产系统。例如，中国的制造业一直以来靠低廉的人力成本占据世界市场。而美国正雄心勃勃地想通过把机器人应用到制造业，提高生产效率，抵消美国高昂的人工成本，让制造业回流。2012年8月，瑞森可机器人公司（Rethink）宣布它们生产的"巴克斯特"号（Baxter）机器人能够在几乎没有经过训练的情况下直接进行编程。在安装和操控方面的花费有所降低，改变了未来商业案例中对自动化技术的应用需求。机器人技术让现代制造业管理更加柔性化，更加精益化，更能满足市场需求。中国在未来如何确保自己的世界工厂地位，值得深思。

### 4. 在家医疗、居家养老成为可能

机器人技术已经开始对医疗保健产生积极影响。医疗机器人的使用能够拓宽获取医疗保健的渠道和优化疾病预防和患者恢复成果，甚至改变传统的到医院看病的方式。病人在家接受远程医疗将会在未来成为现实。目前，机器人作为计算机一体机的应用使精确的、有针对性的医疗干预已经成为现实。有一种假设，手术和介入性放射学将会在计算机与机器人整合的过程中转型，一如几十年前自动化技术在制造业中引起的革命性变化。康复机器人使更大强度的治疗成为可能，从而不断适应患者需要，比传统方法更加有效。随着人口老龄化趋势愈发明显，机器人技术正向促进居家养老、推迟老年痴呆症的发生、给老年人提供陪伴、缓解老年人孤独感的方向发展。此外，机器人传感和活动建模方法可能在改善早期筛查、持续评估和个性化、有效的干预和治疗中扮演关键角色。医疗机器人能够减轻创伤、减少副作用，从而节约康复时间，提高

康复效率。微尺度干预和智能假肢，可以降低对家庭、护理人员和雇主的影响，降低社会成本。

## 5. 形成技术垄断，使强者更强

2010年，一个新的范例出现了，"云机器人"将数据处理和管理转变到云端。"机器人不是一座孤岛"，这一观点受到像谷歌、思科一样的主流公司的广泛关注。机器人需要基于大数据、云计算才能发挥其最大功能。而云计算遵循网络效应，网络价值增加的速度远超过规模扩大的速度。越来越多的人使用人工智能，它就会变得越来越聪明，就会有更多的人使用它。一家公司进入这种良性循环后，规模会变得极大，发展速度极快，以至于对其他新兴竞争对手形成压倒性优势。结果就是，未来的人工智能将由两到三家寡头公司主导，并以基于云端的多用途商业产品为主。

## 6. 迫使传统行业、人才结构发生改变

随着机器人技术的成熟，传统行业将进一步遭到挤压。如同电子邮件取代邮寄信件一样，传统行业要么进行智能化改造，要么走向消亡。机器人在各个领域的应用，将促进产业的全面转型升级，并将带动新一轮创新驱动型产业的布局和投资，并对人才结构进行改变，更多的高科技人才有了用武之地，重复性劳动和简单的脑力劳动需求减少。

## 7. 激发新产业的形成

机器人产业的发展将对原材料、大数据、集成电路、高端计算、虚拟现实、通信等形成新的需求，有利于培育新的高技术产业。未来，机

第 5 章　你能做的，机器人也可以

器人的核心技术不断突破，以前不敢奢望的众多用户需求将因为得到技术支撑而得以实现。如同手机、计算机成为人们的日常消费品一样，随着无人机、服务型机器人、医疗机器人、无人驾驶汽车、可穿戴设备等产品的产业化，一大批与人工智能相关的新消费需求也将被有效激发，有数据显示，这将是一个以万亿元计的庞大市场。

## 05 Section 结 语

人类一直在追求更快、更高、更强，机器人帮我们实现了梦想。但是，如果将来的奥运会允许机器人参加，还会有人类胜出吗？既然机器人可以成为优秀的国际象棋选手，那么合理地推测，它也可以成为优秀的飞行员、驾驶员、医生、会计、法官、教师。终有一天，人类能做的，机器人也能做。机器人与人，与我们之间的差别在哪里？机器人会不会产生高级智能？机器人是否最终会取代人类？

第 6 章
Chapter 6

神经形态芯片：后摩尔时代的新选择

# 第6章 神经形态芯片：后摩尔时代的新选择

当摩尔定律正走向终结，芯片行业50年的神话要被云计算、软件以及全新的计算架构打破的时候，芯片行业如何适应当下科技发展的最急需？未来何处去？当近两年IBM、高通陆续发布神经形态芯片的时候，这个问题的答案不再是悲观、疑惑，反而异常振奋人心。神经形态芯片被认为将为整个计算机乃至科技界带来颠覆性的改变。

## 01 Section 神经形态芯片是什么

神经形态芯片是仿照生命体神经系统架构来设计超大规模集成电路（VLSI）的硬件电子技术，由VLSI的发明者卡弗·米德（Carver Mead）[1]首先提出。在实验中他发现细胞中离子通道和电子三极管具有十分相似的电压—电流关系，故而提出用模拟电路搭建硅神经元去模仿生物神经结构的脉冲特性，试图用芯片来仿真神经系统的运行，从而提高计算机在处理感知数据上的思维能力与反应能力。

近年来，从神经形态芯片衍生出神经形态学、神经形态计算、神经形态技术、神经形态工程等提法，包括模拟、数字或数模混合的VLSI芯片制造及算法设计，模仿大脑的理解、认知、行动能力，实现神经系统感知、机械控制、多传感器聚合等功能。

---

[1] 卡弗·米德（Carver Mead），美国计算机科学家，加州理工学院教授。创造了"神经形态"（Neuromorphic）这一术语，并且是第一个强调大脑在节能方面具有巨大优势的学者，被称为"神经元芯片之父"，同时也是超大规模集成电路的开创者，摩尔定律的提出者之一。

神经形态芯片的研究方向主要归为两大类：一类是数字式神经拟态，通过研究神经的运行机制，在数字芯片上运行神经元的仿真程序并生成类似神经冲动的信号，拟态神经元模型进行数据处理，例如，视皮层模拟、神经形态计算等。另一类是模拟式神经拟态，利用硅的半导体特性，直接将神经细胞的信号传导方式转换到硅基导体上做电路模拟，这种模拟式神经元能够较真实地达到和生命体一样的运算速度，但是搭建难度大。最典型的例子就是将芯片植入人脑内，进行记忆修复。

## 02 Section 神经形态芯片与传统芯片的区别

传统计算芯片采用的是冯·诺依曼架构，通过总线连接存储器、处理器，擅长执行序列逻辑运算，有助于数据的解读和处理。随着处理数据的海量增长，总线有限的数据传输速度造成了"冯·诺依曼"瓶颈，主要体现在自我纠错能力受到局限、高功耗、低速率方面。对于正处在"后摩尔时代"的现在，传统芯片的基本性能正在一步步逼近极限。

与传统芯片相比，人脑的信息存储和处理是通过突触这一基本单元实现的，人脑中千万亿个突触的可塑性使得人脑具备强大的记忆和学习能力。

与模拟人脑的超级计算机相比，大脑具备以下三个优势：

● 低功耗：人脑的能耗仅约 20 瓦，而超级计算机需要数兆瓦的

## 第 6 章  神经形态芯片：后摩尔时代的新选择

能量；
- 容错性：坏掉一个晶体管就能毁掉一块微处理器，但是大脑不会因为意外失去的大量脑细胞而使整套系统的功能受影响。大脑拥有强大的自我纠正和修复能力，尤其是在我们进入睡眠状态以后；
- 不需为其编制程序：大脑在与外界互动的同时也会进行学习和改变，而不是遵循预设算法的固定路径和分支运行。

神经形态芯片模仿人脑架构设计，通过硅神经元模拟突触并以大规模平行方式处理信息，模拟可变、可修饰的神经变化，从而像人脑一样，在记忆和学习功能上具备优势。传统计算芯片和神经形态芯片各自的优势和特点见表 6-1。

表 6-1  传统计算芯片和神经形态芯片各自的优势和特点

|  | 信息处理上的优势 | 特　　点 |
| --- | --- | --- |
| 神经形态芯片 | 更强的可塑性、容错性、认知能力；可探测和预测复杂数据中的规律和模式；低功耗 | 在视觉或听觉上可以有更丰富的应用，需要结合机器来调节其和世界的互动 |
| 传统芯片 | 可执行精确计算 | 可解决任何可抽象为数字问题的事物，复杂度与功耗成正比 |

近年来，人工智能在硬件实现上主要是通过联立众多机器进行大型神经网络仿真，如谷歌的深度学习系统 Google Brain，微软的 Adam 等。这些网络需要大量传统计算机的集群。例如，Google Brain 2012 年的 Google Cat[1]采用了 1000 台各配置 16 核处理器的计算机，单位能耗 0.16 兆瓦[2]。2016 年的 AlphaGo 采用 1202 个 CPU、176 个 GPU，单位能耗 0.173 兆瓦，这种架构尽管展现出了相当的能力，但是能耗巨

---

[1] 2012 年的展示成果：在未被告知猫是什么东西的情况下，通过观看 Youtube 视频，从中学会识别视频中的猫。

[2] 1 兆瓦=$10^6$ 瓦。

大。对比而言，IBM 在 2015 年将 4096 个内核、100 万个硅神经元、2560 万个仿突触结构集成在直径只有几厘米的芯片上（其尺寸是 2011 年原型的 1/16），能耗不到 70 毫瓦。研究小组曾利用 IBM 的神经形态芯片做过 DARPA 的 NeoVision2 Tower 数据集演示，实验显示其能实时识别出视频[1]中的人、自行车、公交车、卡车，准确率达 80%。相比之下，一台笔记本电脑编程完成同样的任务的用时要多 100 倍，能耗是 IBM 芯片的 1 万倍。图 6-1 是摩尔时代处理器处理频率与功耗的关系。

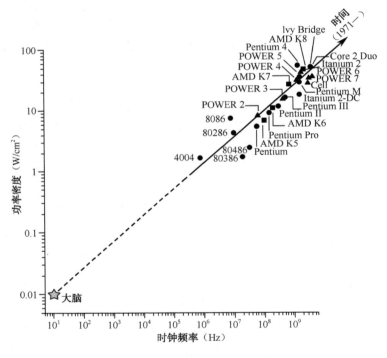

图 6-1　摩尔时代处理器处理频率与功耗的关系

---

[1] 以 30 帧每秒频率拍摄，画面拍摄内容为斯坦福大学胡佛塔的十字路口的穿梭情况。

# 03 国内外研究及产业发展现状

## 1. 学术界研究情况

（1）欧洲

学术界最前沿的神经形态学研究，欧洲占比最大，成果突出，主要是受到欧洲"人类大脑计划"的赞助，其中聚焦神经形态的研究是仿脑工程中的一个重要大类。

人类大脑计划（Human Brain Project, HBP），开始于2013年，投资总额10亿欧元，吸纳来自24个国家800多名科学家的参与，是欧盟未来旗舰技术项目之一。计划在2023年完成一份大脑模拟图以及一系列仿脑计算原型工具。其中，德国海得堡大学和英国曼彻斯特大学是从事神经形态项目研究的主力，都试图设计出一台具有大脑认知和计算功能的计算机，两个团队采用了不同的技术路线。

海得堡大学的迈耶博士团队负责设计制造的Spikey模拟计算机，其核心的神经形态芯片是采用我们之前说的模拟式神经拟态方式，用连续变化的电压而不是采用0/1数字状态来仿真神经系统的运行方式，通过定制操作系统，仿真突触神经元间高度复杂的连通性，对神经系统建模。报告显示，该团队成功模拟出昆虫气味处理系统，可以通过闻花来判断植物种类。

曼彻斯特大学的史蒂文·菲布尔团队负责设计的搭载神经形态芯片数字计算机 SpiNNaker，由定制的 100 万颗异步处理的微处理器所构成，用来建立 1% 的大脑模型并仿真，属于数字式神经拟态。该项目计划在 2020 年制造出性能提升 10 倍而规模不变或更小的计算机。

苏黎世大学与苏黎世联邦理工学校联合成立了神经信息研究所。该研究所的英迪维利博士是"人类大脑计划"（HBP）的独立负责人，研究的目标是采用神经形态学原理搭建一个自主认知系统。他们尝试利用亚阈值硅特性来开发神经形态芯片，在芯片设计中利用数模混合的方式也是神经形态芯片研制的一种路径。

（2）美国

"人类大脑计划"的美国版是"Brain 2025 计划"，由美国国立卫生研究院（NIH）在 2014 年提请建议，同时由美国国家自然科学基金会（NSF）和美国国防部高级研究计划局（DARPA）负责全面推进，为期 10 年，总投资 45 亿美元。发现多样性、绘制多尺度图谱、活动的大脑、证实因果关系、确定基本原理、推动神经科学发展是该项目的六大优先领域，其中，神经形态技术方面的主要研究力量是 IBM 和 HRL 实验室。

IBM 阿尔马登实验室位于哥斯达黎加的圣何塞，该团队与美国哥伦比亚大学、康奈尔大学、加州大学默塞德分校、威斯康辛大学麦迪逊分校四所大学合作，联合研发神经形态学计算机的原型机——SyNAPSE。他们研制开发的神经形态芯片可集成 100 万个硅神经元，可自己响应接收的信息，像真正的大脑一样重新连线。除神经形态芯片外，IBM 还在研究其他形式的神经形态计算模式。比如 2012

## 第 6 章　神经形态芯片：后摩尔时代的新选择

年，IBM-劳伦斯利物莫国家实验室研制出一台名为 Sequoia 的超级计算机，模拟人类大脑的交流方式，使用常规电路在 5000 亿个神经元和 1000 亿个神经突触之间进行仿真交流。虽然系统的运行速度相比人脑要慢很多，但引发无限憧憬：如果用神经形态芯片来实现神经形态计算，未来到底会怎样？因此，许多计算科学家评价神经形态计算让计算发生质变。

HRL 实验室位于美国加州的马里布，大股东是波音和通用汽车公司。其神经形态芯片项目采用"突触时分复用"技术来解决神经元密集网络所造成的回路干扰问题，并配置了一个中央时钟来协调所有处理进程。HRL 实验室已将其开发的神经形态芯片植入仿鸟设备中，处理来自摄像机和其他传感器的数据，在试验飞行中，设备可以记住飞过的房间，自主学会导航，该技术应用在无人机自动绘制地图、导航等方面，该成果非常受 DARPA 重视。

美国斯坦福大学卡贝·纳博罕团队的研究重点关注模拟人脑的神经形态计算方式，其开发的控制型机器人配置了百万个硅神经元网格，可在任务范围内感知周围环境，并将模拟的神经反应以指令输出由末端执行器完成。

英特尔于 2019 年推出了类脑芯片系统 Pohoiki Beach，它包含 4 个 128 核心、14 纳米制程的 Loihi 神经形态芯片，是一款模拟 800 万神经元的 64 芯片计算机。其中，Loihi 芯片于 2017 年发布，单个芯片包含 20 亿个晶体管、13 万个人工神经元和 1.3 亿个突触，并附有三个管理 Lakemont 核心用于任务编排，单个芯片尺寸为 60 毫米。Loihi 芯片拥有可编程微码学习引擎，可在片上完成异步脉冲神经网络（SNN）的训练功能。SNN 是一种将时间结合进模型操作的特殊 AI 模型，可以让模型的不同组件不会同时被输入处理。SNN 被认为可以高效实现自适应修改、基于事件驱动和细粒度平行计算。在计算任务中，Loihi 的计算速度和能耗效率分别是传统 CPU 的 1000 倍和 10000 倍。凭借高效率、低功耗的特征，Pohoiki Beach 类脑芯片系统和 Loihi 神经芯片有望成为 AI 算法发展的新动力，特别是在图像识别、自动驾驶和自动化机器人等方面的潜力巨大。目前，该芯片系统已免费向美国的 60 个研究机构提供，致力于最尖端的 AI 领域提升系统解决复杂密集问题的能力，如冗余编码、路径规划等。

（3）中国

浙江大学和杭州电子科技大学成功研发出了一款名为 DARWIN（达尔文）的神经形态芯片，该芯片提高了智能算法的处理速率。"达尔文"芯片的大小为 5×5 平方毫米，是一款采用标准 CMOS 工艺实现的基于脉冲神经网络的类脑硬件协处理器（类脑芯片）。"达尔文"芯片就像一个简化的动物大脑，最多可支持 2048 个神经元、400 多万个神经突触及 15 个不同的突触延迟。

2020 年 9 月 1 日，浙江大学联合之江实验室发布共同研发的基于自主产权类脑芯片的亿级神经元类脑计算机（Darwin Mouse）。该计算机包含 792 颗浙江大学研制的达尔文二代类脑芯片，支持 1.2 亿脉冲神经元、近千亿神经突触，与小鼠大脑神经元数量规模相当，典型运行功耗只需要 350～500 瓦，也是国际上近期发布的神经元规模最大的类脑计算机。该团队还研制了专门面向类脑计算机的操作系统——达尔文类脑操作系统（DarwinOS），用于实现对类脑计算机硬件资源的有效管理与调度，支撑类脑计算机的运行与应用。

# 第6章 神经形态芯片：后摩尔时代的新选择

清华大学类脑计算研究中心 2019 年发布了名为"天机芯"的类脑计算芯片，该芯片应用于自动驾驶的自行车上，是世界首款面向人工通用智能的异构融合类脑计算芯片，其"可以支持脉冲神经网络，也可以支持人工神经网络，而传统类脑芯片只能选择其中之一。

## 2. 产业发展

神经形态芯片从 1989 年提出到现在，已经不是什么新概念，之所以再度成为热点强势回归，是因为神经形态计算已从象牙塔走进了广泛研究和应用范畴。

Audience 公司基于人的耳蜗研发设计出一款神经形态芯片，主要功能是抑制噪声，全球出货量已达几亿片，并在苹果、三星等公司出产的手机中使用。

Intel 公司在 2012 年宣布启动了一项模拟人类大脑活动的技术研究工作。其神经形态芯片设计采用模拟式神经拟态的思路以及忆阻器技术，模仿神经元搭建芯片机构；在降低功耗方面，采用横向自旋阀技术，工作终端电压在毫伏内，远低于传统芯片。目前，未有新消息披露该芯片进展。

IBM 一直在从事神经形态芯片的研究，IBM 的 TrueNorth 神经形态芯片模拟大脑结构和突出可塑性，构建认知计算芯片。2008—2016 年，DARPA 投资 2100 万美元支持其 SyNAPSE[1] 项目第二阶段的研究，目的

---

[1] DARPA 的 SyNAPSE 项目，由 IBM 实验室和 HRL 实验室两个大团队组成。Synapse 在英文中是突触的意思，而 SyNAPSE 正好是 Systems of Neuromorphic Adaptive Plastic Scalable Electronics 的简称，中文译为自适应可变神经可塑可扩展电子设备系统。

是创造既能同时处理多源信息又能根据环境不断自我更新的系统。该芯片没有固定编程，通过集成内存与处理器来模仿大脑的事件驱动、分布式和并行处理方式。IBM 发布的 TrueNorth 神经形态芯片（图 6-2），集成了 54 亿个晶体管，形成了一系列由百万个"数字神经元"构成的阵列，可模拟 2560 万个"神经突触"的计算架构系统，被业界公认为具备把神经形态计算从实验室推向现实世界的潜质。2019 年 IBM 曾计划利用 88 万个 CPU，研制出与人脑速度相当的模拟人脑系统。

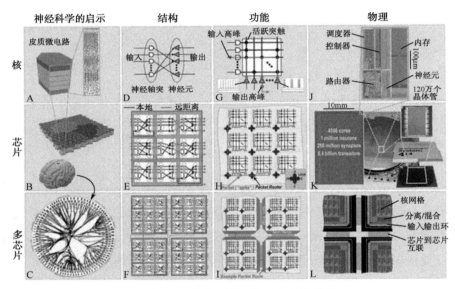

图 6-2　IBM 的 TrueNorth 神经形态芯片

高通的 Zeroth 神经形态芯片类似于 IBM 的数字式神经拟态，通过编程模拟大脑处理感官数据处理时的电子脉冲，从而模拟大脑行为。高通的战略意图是在设备中加入这样的神经处理单元来帮助处理传感器数据，完成图像识别和机器人导航的任务，让更多的设备变成用户的认知伴侣，进而寻求智能时代的下一轮突破，占据芯片产业新的制高点。高

第6章 神经形态芯片：后摩尔时代的新选择

通的第一步就是与 Brain Corp 公司合作，开发 eyeRover 神经形态智能机器人，试图通过机器人与真实世界进行互动，验证研究成果，随后再进行转化和适配，推广到智能手机或者其他产品上。eyeRover 机器人内置神经形态芯片，在硅片中模仿人脑大规模平行方式处理信息的方式，所运行的 BrainoS 系统可实现监督学习和强化学习等功能，是一台真正可训练的机器人。

根据 Markets-and-Markets 公司《2016—2022 年全球神经形态芯片市场预测》报告，整体神经形态芯片市场在 2016 年时约有 12 亿美元的价值，并以 26.3%的复合年成长率增长，在 2022 年时达到 48 亿美元的市场规模。

IBM、高通都在做面向消费者市场的神经形态芯片，试图颠覆英特尔的"英特尔处理器"（Intel Inside），做"人类大脑处理器"（Human Brain Inside），统治新时代。其中，高通公司在神经形态技术上一开始就着眼垂直化的技术架构以及商业化的前瞻布局，从芯片到设备再到平台，从硬件上寻求增强机器认知的新途径。

在人工智能被视为开启下一个创新时代的今天，芯片产业界正在积极寻求新一轮打开新时代的钥匙。

## 04 Section 神经形态芯片可能带来的影响

在被称为后摩尔时代的今天，面对万亿级传感器的增量以及云端网络巨量数据的压力，在传感器中内建中枢传感器成为了紧迫需求，神经形态芯片作为一个优良选择，面对如此大的市场缺口，其成长空间空前庞大。如同传统的处理器市场，美国、德国、中国与韩国预计将会是神经形态芯片的重要市场。

神经形态芯片在多感官类数据处理方面的高性能，在人工智能、深度学习方面得天独厚的优势，再加上其低功耗的特点，从硬件优势到软件灵活性都让其未来的应用空间无可限量，一旦成功普及将彻底改变我们的生活。

### 1. 从硬件维度让机器像人一样思考行动

神经形态芯片尝试在硅片中模仿人脑以大规模的平行方式处理信息：几十亿神经元和千万亿个突触对视觉和声音这类感官输入做出反应，具备超长的学习能力。配置了神经形态芯片的机器，其仿脑能力倍增，加之机器比人脑更强的记忆能力，人机优势在硬件层的强强联手，将大大提升人工智能进步的速率，加速人工智能、无人化的发展进程，开创一个智能化社会的新纪元。

### 2. 颠覆计算模式引发新的变革

从 IBM、高通的垂直化产业布局和计划进度来看，神经芯片技术在通路并行度、硅存储管理、热管理等制片技术上再下一城只不过是时间问题，"Human Brain Inside"真正全面实现的那一天并不遥远。神经形态芯片若能引发新一轮技术革命，芯片产业将在技术市场中再次占领主导，为所有适合于未来计算的软件提供适配接口。

### 3. 启发或催生更多新技术

神经形态芯片作为一次仿生科学研究的成功实践，其研制思路、成果可扩散至生物计算、神经网络、认知计算、机器学习、类脑计算机等领域的研究。

面向国防、航空、汽车、医疗等领域的实际需求，将现阶段神经形态芯片的研究成果进行深度定制合理转移，可为这些重要行业，尤其在国防领域带来极高价值的应用。

# 第 7 章
Chapter 7

## 技术日趋成熟，民用无人机产业开始起飞

# 第7章 技术日趋成熟，民用无人机产业开始起飞

就在亚马逊还在苦苦等待美国联邦航空局（FAA）的商用无人机快递服务许可时，无人机配送公司 Flirtey 已经悄悄地走在了亚马逊的前面，并于 2016 年 3 月 25 日成功完成了美国第一个获得 FAA 许可的无人机城市快递服务。据悉，这架无人机按照预定的航线飞行，当靠近目标房屋时它放下了一个包裹，包裹内有瓶装水、食物和一些救助用具。这也展示了无人机在紧急需要时可以起到的救援作用。2016 年 4 月 7 日，德国 Volocopter 公司首次无人机载人试飞成功。尽管全程飞行只持续了几分钟，但仍然刷新了纪录。这台电动载人无人机质量超轻，和特斯拉电动车一样，是零排放。换句话说，这就是一台飞着的特斯拉。美国加州发明家沃斯甚至将无人机与虚拟现实（VR）技术结合，开发出 VR 无人机 FlyBi，能够将无人机拍到的画面实时展示在使用者眼前，用户只要转动头部便能改变镜头角度，即使身处地面，也能感受翱翔天际的快感。随着无人机技术日趋成熟，民用无人机产业步入快速发展期。根据中国民航局数据，2019 年，中国无人机注册用户数量已经达到 37 万个。

## 01 Section 无人机及相关技术

无人机（Unmanned Aerial Vehicle，UAV）是无人驾驶飞机的简称，它是一种有动力、可控制、能携带多种任务设备、执行多种任务，并能重复使用的无人驾驶航空器。无人机系统则强调了除无人机外，还包括无人机的有效载荷、控制系统（遥控器、地面控制站、数据链路等）。无人机在用途上分为军用无人机和民用无人机。民用无人机又分为工业级（专业级）无人机和消费级无人机。

无人机的发展离不开相关技术的进步。这些技术涵盖动力系统、新能源、新材料、有效载荷、通信、导航、互操作性、自主性、保密性、可持续性、高性能计算等方面。例如，自主性技术可以使无人机在不依赖外界指令支持下，在未知的环境中依靠自身的控制设备完成指定任务；太阳能技术应用到无人机上可以使其长期浮在固定空域，谷歌（Google）正尝试利用这一功能实现 5G 网络的覆盖；通信技术的发展则使无人机能够置于手机的操控下。

相关技术的发展都将对无人机产生重要影响，也是未来无人机的发展方向。无人机技术的不断突破，降低了研发成本和行业参与门槛，提高了可靠性和稳定性，使无人机在民用领域的产业化成为可能。

## 02 Section 民用无人机的应用领域有哪些

相比于传统的作业方式，无人机无疑提供了解决问题的新思路，在空间维度上丰富了作业手段，当前正在作为传统作业方式的一种补充，逐步推广，未来前景十分广阔。目前，中小型无人机，特别是小型多旋翼无人机系统在世界范围内掀起了发展的热潮，在摄影娱乐、农林作业、边境巡逻、治安反恐、地理测绘、管线检测与维护、应急救援、消防、执法等方面开始广泛应用。随着无人机技术的逐步成熟，其应用领域还将进一步扩大。

# 第7章 技术日趋成熟，民用无人机产业开始起飞

## 1. 无人机在农业领域的应用

在国外，农业是无人机民用领域最大也是最成熟的市场。国际无人机系统协会（AUVSI）的报告预测显示，未来10年里无人机在民用领域中的应用将为美国带来近千亿美元的收益，其中90%来自农业。2014年1月，美国联邦航空局FAA正式批准无人机用于农作物检测，在MIT《科技评论》杂志评选出的"2015年十大最具突破性的科技创新活动"中，农业无人机名列榜首；2015年6月，CropLife杂志评选出的2015—2018年应用范围增长最快的前五大农业技术（无人机技术、产量分析技术、农田绘图、变率处理播种技术和卫星航空影像技术）中，无人机被认为是增长幅度最大的。在日本，平均每三碗大米中就有一碗是靠雅马哈无人机喷药种出来的。

在我国，农用无人机刚刚起步，但发展迅速。2013年农业部出台《关于加快推进现代植物保护体系建设的意见》，提出鼓励有条件地区发展无人机防治病虫害。山东、河南省农业厅和财政厅拨付专款，或为地方植保站直接购置农用无人机，或为农用无人机提供购机补贴。农用无人机有望大量替代现有的植保机械。根据中商产业研究院数据，近年来我国植保无人机保有量增长迅速，2018年，中国植保无人机保有量达到3.15万架，而2014年的保有量还只有695架。

## 2. 无人机在航拍上的应用

航拍是无人机应用最为广泛的民用领域，发展也最为成熟。无人机拓展了视频拍摄的视野。小型轻便、低噪节能、高效机动、影像清晰是无人机航拍的突出特点，除了可以在危险、狭窄或高空之处作业，还能够让目前航拍的成本降低不少。国内一台航拍无人机的价格不到1万元，

而有人值守航拍机的租金高达每小时数万元,成本优势十分明显。在国内热播的《爸爸去哪儿》《舌尖上的中国 2》,以及 2014 年的巴西世界杯都使用了无人机进行航拍。《碟中谍》里特技人员在屋顶飞驰的场景、《十二生肖》中成龙驾车在山间漂移、纪录片中的火山熔岩活跃之景都来自无人机。

### 3. 无人机在输电线路和油气管道巡线领域的应用

无人机在电力、石油和天然气管道巡线等方面具有很好的市场空间。与人工巡线相比,既可以提高效率,还可以避免野外作业的危险,大大降低了成本。以电力巡线为例,100 千米的巡线工作需要 20 个巡线人员工作一天才能完成,而一架无人机只需工作 3~4 小时。我国地域辽阔,电网、油气管道覆盖全国,110 千伏以上的输电线路超过 50 万千米,油气管道总长超过 10 万千米。随着电网和油气管道的日益增长,巡线的工作量日益加大。采用无人机巡线与传统巡线相结合的方式,已成为电线和油气管道巡线的最佳解决方案。2009 年,国家电网公司正式立项研制无人直升机巡线系统,目前已得到应用。

### 4. 无人机在配送方面的应用

根据统计,城市内 80% 的快递质量在 2.5 千克以下,这部分快递均可交给小型无人机进行配送。亚马逊一直在尝试将无人机应用在物流领域。另外,谷歌及其他多家初创公司也在开发它们自己的无人机送货服务。美国联邦航空局(FAA)在不断调整无人机使用方面的相关规定,并批准了 Flirtey 公司的无人机送货请求。在国内,顺丰快递公司也在试验使用无人机送货。在未来,无人机配送货物将日益普及。如果无人机在安全性和承载能力方面得到提高,甚至可能出现无人机运送乘客，出现空中的"滴滴打车"。

### 5. 无人机在救援方面的应用

在灾害发生时，可以使用无人机进行灾情监测，发现幸存者。如果道路受阻，使用无人机可以快速运送受灾群众急需的药品和食品。未来，载人无人机成熟后，还可以用于运送救援人员到现场，或者转移受灾人员到达安全地带。在地震、水灾、爆炸等灾害中无人机均可以使用，并可以大大降低救援成本。

## 03 Section 无人机产业发展现状

### 1. 融资额迅速上升，产业发展迅速

正是因为无人机开辟了一个几乎全新的应用领域，使其受到了市场的热捧。2015 年很多大公司都在这一市场注入资本，包括谷歌、Facebook 等互联网巨头也都在积极布局。

### 2. 市场潜在规模很大

根据 UBM 市场研究公司的数据，中国民用无人机的市场规模在 2010 年之后开始逐步扩大，2014 年国内民用无人机产品销售规模为 15 亿元，2018 年市场规模已超过 80 亿元。智研咨询发布的《2020—2026

年中国工业级无人机产业发展态势及投资前景预测报告》指出：我国工业级无人机市场增长迅速，2019 年工业级无人机市场规模为 102.2 亿元，较 2018 年的 69.8 亿元增长 46.42%，其中农林植保占比最大，约为 48.11%。如果再加上消费级无人机，市场规模更大，可见民用无人机领域确实是一块"大蛋糕"，未来市场潜力不容小觑！

### 3. 技术仍需提高

虽然无人机技术近几年实现了很大突破，产业化水平也得到了大幅提升，但是需要看到的是，目前市场上的无人机仍然存在电池续航能力不足、负荷有限、机身不够耐久、网络连接不稳定及小型化程度不高等问题。如果这些技术问题得到解决，无人机市场规模将比现在扩大数倍。

### 4. 民用无人机增长快于军用无人机

早在 2010 年以前，军用无人机占据了市场规模的 99% 以上。然而，据不完全统计，全球范围有 3000 家不同规模的企业涉足民用无人机的相关领域，其中不乏亚马逊、谷歌、（中外运）敦豪（DHL）等巨头。国内除了大疆、亿航、极飞等专业公司以外，顺丰物流以及其他 A 股上市公司如宗申动力等也频频发力。民用无人机市场份额已经超过无人机总市场份额的 10%，远远高于军用无人机的增长速度。

### 5. 中国企业优势明显

中国企业占据了世界消费级无人机 70% 以上的市场份额。目前中国市场上大约有 400 家无人机制造商，大疆公司占有民用无人机市场的绝对份额，2017 年大疆公司的营收规模为 175 亿元，2022 年预计营收达 1700 亿元。无人机企业和民用无人机的市场规模均处于快速发展期。

## 04 Section 对经济和社会的影响

### 1. 降低农业产业化成本，有利于农业向规模化发展

无人机技术在国外已经成为农业生产的主力，无人机与人工操作相比，效率提升约 30 倍，农药节省 20%～40%，用水节省 90%。我国无人机在农业上的应用刚刚起步，如果无人机在喷洒农药、施肥、病虫害监测等方面的应用得到推广，将降低规模化产业的成本，加快我国土地向规模化经营方式转变，也有利于农业向信息化、自动化方向发展。

### 2. 提高物流行业的服务水平，缓解城市交通拥堵

无人机在快递等物流行业的应用可以实现 1 小时送达目标，可以满足优质客户的需求，打开物流行业的高端市场。另外，未来随着无人机的普及，将大大减少地面车辆的使用，有效缓解城市交通拥堵。

### 3. 无人机监管是个大问题

无人机快速发展的同时也给监管带来了难题。民航局已出台《关于民用无人机管理有关问题的暂行规定》《民用无人机空中交通管理办法》

《民用无人驾驶航空器系统驾驶员管理暂行规定》等一系列规范性文件。但随着无人机技术的不断发展，运用领域的逐渐拓展，以上规定将难以对市场形成有效监管。如何确保无人机在规定的时间、空域飞行？如何确保无人机遵守交通规则？一旦发生事故，如何界定责任？如何在发展和监管中寻得平衡，这是当前无人机市场发展中最亟须解决的问题。事实上，任何一个新生事物在发展初期，都会面临这样的抉择。

### 4. 给国家安全和个人隐私带来隐患

无人机的低成本和便利性在给人类生产生活带来福利的同时，也造成了一些问题。目前，在中国花几千块钱就能在网上购买一架能够进行高清摄像的无人机，一旦被不法分子利用进行非法拍摄，就可能会窃取国家秘密，或者偷窥他人隐私。

# 第 8 章
Chapter 8

## 自动驾驶：技术进步与社会变革

2020年12月29日,深圳坪山区推出了全国首张无人公交月卡,持有月卡的市民可乘坐深圳首条微循环无人公交线路进行日常通勤。该无人公交服务由轻舟智航部署,作为深圳首条微循环无人公交线路,这条线路总长约5千米,沿途设置了10个站点,贯穿了深圳坪山站周边居民区、学校、剧院、公园和办公区等核心地点。这条无人公交线路的开通,满足了周边市民的短途出行刚需,解决了"最后三公里"的出行难题。2020年初,特斯拉官方微博称,旗下目前已经有超过60万辆汽车配备了完全自动驾驶芯片,该款特斯拉自研的专用芯片拥有60亿颗晶体管,每秒能完成144万亿次计算,能同时处理每秒2300帧的图像。而每辆选配的特斯拉将搭载两颗该芯片,同时处理相同的数据,这意味着汽车处理有关计算或图像方面的速度得到了更大的提升,将极大地提高车辆的安全性能。自动驾驶汽车产业化应用的脚步越来越近,这将会对汽车产业与现代交通产生革命性的影响。

## 01 Section 何为自动驾驶汽车

自动驾驶汽车又称无人驾驶汽车、电脑驾驶汽车或轮式移动机器人,是一种通过电脑系统实现无人驾驶的智能汽车。该技术依靠雷达、人工智能、视觉计算、监控装置和全球定位系统协同合作,使电脑在没有任何人类主动操控下,自动安全地操作机动车辆。自动驾驶汽车技术的研发已有数十年的历史,于21世纪初呈现出接近实用化的趋势。

### 1. 自动驾驶汽车技术系统

自动驾驶汽车利用多种车载传感器(如雷达超声传感器、GPS、磁

## 第 8 章　自动驾驶：技术进步与社会变革

罗盘等）感知车辆周围环境，控制车辆的转向和速度，根据实时路况进行动态路径规划，实现车辆自动、安全、可靠的行驶。根据美国的专利顾问公司 Lexinnova 的报告，无人驾驶汽车发展所需的基本技术有九项，即车对车通信（V2V Communication）、巡航控制（Cruise Control）、自动制动（Automatic Brakes）、车道维持（Lane Keeping）、雷达（Radar）、循迹或稳定控制（Traction or Stability Control）、视频摄影机（Video Camera）、位置估计器（Position Estimator）、全球定位系统（Global Positioning System，GPS），在上述的基本技术中，前五项技术的专利申请数量相对较多，是最重要的技术。

自动驾驶汽车技术系统见表 8-1。

表 8-1　自动驾驶汽车技术系统

| 一级 | 二级 | 三级 | 技术设备 |
|---|---|---|---|
| 定位导航系统 | 车辆定位 | 车辆位置 | 全球定位系统 |
| | | | 北斗定位系统 |
| | | | 惯性导航系统 |
| | | 行驶方向 | 陀螺仪 |
| | | 行驶速度 | 加速度计 |
| | | | 激光编码器 |
| 环境感知系统 | 视觉识别 | 车道感知 | 摄像机传感器 |
| | | 标识感知 | |
| | | 信号感知 | |
| | 非视觉识别 | 距离检测 | 激光雷达 |
| | | 障碍检测 | 超声波雷达 |
| 规划控制系统 | 路径规划 | 局部寻路 | 电子地图 |
| | | 路口导航 | |
| | | 路径导航 | |
| | 速度控制 | 纵向（车速—节气门—制动）控制系统 | |
| | 方向控制 | 侧向（转向—转向盘）控制系统 | |

续表

| 一级 | 二级 | 三级 | 技术设备 |
|---|---|---|---|
| 规划控制系统 | 辅助控制 | 状态监测 | 胎压监测<br>车道偏离报警<br>智能限速提醒 |
| | | 视野改善 | 倒车辅助、自适应照明系统 |
| | | 操控避险 | 紧急避险、智能泊车<br>自适应巡航 |

自动驾驶汽车主要包括三大系统：一是定位导航系统（车辆定位技术）取代人脑规划行车路线，进行自动导航；二是环境感知系统（视觉/非视觉识别技术）取代人眼识别行车路况和周边环境；三是规划控制系统（路径规划、速度、方向与辅助控制技术）取代人的手和脚操控汽车，保证其平稳行驶。

## 2. 自动驾驶发展阶段的划分

根据产业信息网发布的《2015—2020 年中国汽车驾驶辅助系统（ADAS）市场分析与发展前景预测报告》，关于自动驾驶的阶段划分，目前业界引用最多的是美国公路安全局（NHTSA）对自动驾驶技术的官方界定，分为无自动（0 级）、个别功能自动（1 级）、多种功能自动（2 级）、受限自动驾驶（3 级）和完全自动驾驶（4 级）五个级别。

从目前发展情况看，个别功能自动（自动驾驶 1 级）已经得到基本普及，其他级别的发展情况不一。多种功能自动（自动驾驶 2 级）普及度不断提高，沃尔沃的城市安全系统、本田的 CMBS、奔驰的 Pre-Safe 都属于这个层次，目前英菲尼迪的新车已能够自动控制转向盘。受限自动驾驶（自动驾驶 3 级）目前已形成雏形，戴姆勒的奔驰 S 系轿车可以在堵车的情况下自动跟车。完全自动驾驶（自动驾驶 4 级）目前应用很少，这个级别是各大主流车企及谷歌、百度等互联网公司致力于达到的终极目标，驾驶者完全不必操控车辆。

## 02 Section 产业发展现状

### 1. 发展前景良好，亚太市场受到关注

经过多年发展，未来自动驾驶汽车的全球市场前景可谓蒸蒸日上，亚太市场上，自动驾驶汽车的表现尤其受到关注。美国咨询公司麦肯锡表示，到 2025 年，自动驾驶汽车的产值可以达到 2000 亿～19000 亿美元。此外，由于中国汽车市场的积极表现，亚太市场有望成为未来全球自动驾驶汽车发展的重点。据思迈汽车信息咨询公司（IHS）预测，到 2035 年，北美、中国和西欧将成为自动驾驶的三大主要市场，其中，北美市场占比将达到 29%（约 350 万辆）、中国市场为 24%（约 280 万辆）、西欧市场为 20%（约 240 万辆）。

### 2. 各大车企纷纷加入产业化进程

在市场前景预期向好的背景下，各大车企纷纷加入自动驾驶技术的研发中来。

一方面，各大企业努力培育竞争优势，在诸多技术领域已形成核心技术优势：日产成立日产硅谷研究中心，致力于自动驾驶与通信技

术方面的研究；德国奔驰、大众、博世等公司均投入巨资研发复杂环境下的自动驾驶技术，奔驰 S 500 自动驾驶原型车已经成功行驶了近 100 千米的路程；沃尔沃公司也一直致力于自动驾驶技术的研发，计划未来旗下全系车型搭载本公司的自动驾驶系统；谷歌、微软、诺基亚和苹果等公司均在自动驾驶汽车激光雷达技术和电子地图技术方面投入研究。

另一方面，整车厂商积极推动自动驾驶技术的商用。日产曾宣布到 2020 年推出多款搭载商业化自动驾驶技术的量产车型；奔驰新上市的 S 系轿车已搭载了其最新的"自动驾驶系统"；大众与德国研究与技术部门共同开发了 Caravelle 自动驾驶旅行车，并逐步运用到其旗下的车型中。

2016 年年初，我国政府已经将智能网联汽车作为"十三五"汽车工业发展规划的八个发展方向之一。随着这些政策的出台，上海、深圳、浙江、安徽和辽宁等地纷纷启动了无人驾驶汽车示范区项目。

2019 年 5 月，工业与信息化部发布《2019 年智能网联汽车标准化工作要点》。其中提到，稳步推动先进驾驶辅助系统标准制定；全面开展自动驾驶相关标准研制；完成驾驶自动化分级等标准制定，组织开展特定条件下自动驾驶功能测试方法及要求等标准的立项，启动自动驾驶数据记录、驾驶员接管能力识别及驾驶任务接管等行业急需标准的预研。

目前，我国自动驾驶技术与应用与国外相比还有一些距离，但也取得了一批阶段性成果。

2018 年 2 月 15 日，百度 Apollo 无人车亮相央视春晚，在港珠澳大

## 第8章 自动驾驶：技术进步与社会变革

桥开跑，并在无人驾驶模式下完成"8"字交叉跑的高难度动作。

2020年9月15日，百度董事长兼CEO李彦宏预测，自动驾驶将在5年后全面商用，城市拥堵将大大缓解，不再需要限购限行。

2021年1月11日，百度与吉利组建智能电动汽车公司，继续深化此前已达成的智能网联、智能驾驶、智能家居、电子商务等领域合作。而在1月25日威马科技开放日，威马宣布与百度Apollo率先落地和量产L4级高度自动驾驶技术——AVP无人自主泊车。据悉，这项技术将搭载在即将上市的全新车型威马W6上，其可通过手机一键泊车、取车。在家和办公室有固定停车位的场景下，车辆仅需要完成一次路线学习，之后用户即可提前下车，车辆自主寻径完成泊车入位。取车时，通过手机召唤车辆无人驾驶至用户所在位置。

2021年1月28日，阿里巴巴投资的无人驾驶技术公司AutoX运营的L5级别全无人驾驶出租车（Robtaxi）正式面向公众开放试乘，开启中国自动驾驶出租车商业化序幕。但专家表示，目前国内自动驾驶汽车上路仍处于"无证驾驶"阶段，未来的测试和运营还有待法律政策规范。

### 3. 自动驾驶汽车产业化发展存在的问题

目前，自动驾驶产业化与广泛应用还存在着多方面的障碍。

（1）黑客问题

为了更好地驾驶，自动驾驶汽车肯定要获取车主很多信息，而这些信息也很容易被黑客们获取。他们会知道车主的目的地在哪里，会花多长时间到达，是否待在自己家中等信息。黑客甚至可以远程控制车主的自动驾驶汽车，使一辆行驶中的自动驾驶汽车忽然被叫停，为车主的安全和隐私带来诸多不确定性。

（2）自动处理复杂交通路况的能力还不具备

到目前为止，不管是谷歌还是特斯拉，都不能自信地说自己的自动驾驶技术已经完善到能够适应所有的路况。汽车自动驾驶技术之所以能够实现，主要就是依靠感知、控制和路径规划这三大系统技术。目前的自动驾驶汽车先是通过之前系统已经采集过的路况地图来规划路径方向，在行驶过程中通过车中搭载的视频摄像头、雷达传感器以及激光测距器来了解感知周围的交通状况，通过数据中心进行实时信息处理，遥控车辆利用控制中心的自动巡航系统、自动制动系统、停车系统来实现驾驶、制动、停车。

当控制和路径规划技术都已经突破到一定的程度，就可以实现像特斯拉汽车这样的辅助性自动驾驶了，但在感知路况和周围环境方面，还是一个难题。日本和 NASA 共同合作开发的 ProPiot 自动巡航系统，目前也还只能实现单线车道的驾驶需求，在车辆变道方面还没有相应的系统，更不要说能够处理都市街道、十字路口这样复杂的路况了。

在自动驾驶方面投入研发最久的谷歌，在真实的路况中，谷歌自动驾驶汽车已经能够做到实时查看 3D 路况场景，对物体进行准确的识别和区分。虽然汽车通过激光雷达和传感器，可以知道哪个位置有哪个物体，但是通过这样的感知，它还并不能智能到能够分辨这些物体的突然性动作并进行规避。尽管看起来还不错，但这个系统还并不能适用于现在这样复杂的路况。

## 第 8 章　自动驾驶：技术进步与社会变革

在一份有关无人驾驶汽车的报告中，展示了无人驾驶技术的最新进展。通过车载激光雷达和其他传感器，无人驾驶汽车可以探测到各个方位的骑行者。探测范围 360° 无死角，无人驾驶汽车也已经能够做到对每一辆自行车进行单独追踪，并预测骑行者的运行轨迹。这份报告其实也表明，谷歌的自动驾驶汽车才刚刚能够做到规避像是骑行者这样大体积的灵活运动体。如果面对的目标再小一些，如一个儿童，一条狗、一只猫或者其他东西，汽车可能并不能进行有效规避。

面对路面上突发的状况，自动驾驶系统的每一步调整都涉及大量的复杂场景的计算，如何在一个车载系统中完成这些庞大的极端量，对于车载电脑系统来说是一个考验。

（3）成本过高

目前自动驾驶汽车的造价整体过高，谷歌生产的自动驾驶汽车的售价在 30 万美元以上，阿联酋阿布扎比市使用的自动驾驶汽车单辆售价 80 万欧元，日产公司曾计划到 2020 年才能推出消费者可以接受的价格的自动驾驶车型。而且，要配备能够完成上文所提及的计算量的系统和高精度的激光雷达及传感器，价格是回避不了的问题。自动控制系统和传感器、GPS 的造价都不是小数目。一方面是尚且没有验证的安全性，另一方面是每一个配件的造价都比较高。

（4）基础设施条件还不完备

要实现自动驾驶技术广泛应用并将该技术与智能交通相融合，就必须对现有交通基础设施进行重新建设与规划，目前只有美国、日本等少数发达国家开展了相关的基础设施规划。众多汽车厂商在应用自动驾驶技术研发方面，虽然战略规划明确，但具体实施步骤却依然很谨慎，自动驾驶汽车真正投入量产预计仍需要数十年的时间。

## 03 对经济和社会的影响
Section

### 1. 减少交通事故与交通成本

自动驾驶汽车有很多优点，比如安全、高效。据统计，机动车辆事故中，81%都是由于人为错误造成的，仅在美国一年死于交通事故的人数就达 3.3 万，事故造成的直接损失超过 1000 亿美元。拥有一辆自动驾驶汽车，就像是车后安装了一台电脑，这意味着在驾驶过程中可以减少人为因素。人们开车的时候有时会被一些事情干扰，电脑却不会被这些事情分心，它们的所有关注都在道路上面。自动驾驶技术已经被充分证实，它在操作时效性、精确性和安全性等方面相比人类驾驶具有无比的优越性，且不会出现人为操作失误的情况。此外，自动驾驶汽车还会通过缓解拥堵、提高车速、缩小车距以及选择更有效路线来减少通勤所耗时间和能源。

事实上，"电脑驾驶员"的功能非常强大，它们不仅可以与其他自动驾驶汽车进行沟通，以避免发生碰撞，同时还可和部署在道路两边的传感器进行交互，判断出最快路线，自动驾驶汽车还可全程跟踪行驶速度，与其他车辆保持最佳车距，而且通过有效规划，还可以尽可能减少在高速公路上的停车次数。

## 2. "驾驶本质革命"导致产业变革

自动驾驶技术是未来汽车发展的必然趋势,也是实现"智能汽车"与"智能交通"的关键性技术。据美国电气和电子工程师协会(IEEE)预测,到 2040 年,全球 75% 的新款汽车都会配备自动驾驶技术。一方面,该技术可减轻驾驶员的驾驶压力、提高车辆行驶安全性、避免交通拥堵、降低污染实现绿色出行,带来"驾驶本质革命";另一方面,自动驾驶技术会促进物联网、大数据和云计算技术的相互融合与发展,该技术的广泛应用可以有效带动新材料、智能制造、人工智能和新一代信息技术的快速发展,成为未来诸多产业发展的重要推动力。

与此同时,由于人类离开了转向盘,与其相关的诸多产业都将面临消亡,如保险、服务与销售、交通监管甚至汽车类电视节目。部分产业将会大幅萎缩,有的则将面临转型。既得利益者将面临挑战,产业的权力也将会从当前的汽车制造商转移到计算行业公司。

## 3. 技术进步重塑法律和道德规范

目前,自动驾驶汽车行驶规范与法律法规还是空白,当发生交通事故时,有一个问题不可避免,那就是问责。谁该对自动驾驶汽车事故负责?是车主、汽车制造商、软件开发商、云服务提供商,还是 GPS 网络服务提供商?如果我们将责任过多地归咎于生产者,将会扼杀企业的创新热情,而如果依照现行做法,将责任主体放在消费者身上,将会影响其消费意愿。此外,自动驾驶汽车还涉及道德问题,如果一个孕妇在道路上摔倒,当迎面驶来的自动驾驶汽车又出现故障时,其会如何做出判断？是为了避免撞上孕妇，而主动撞向路边，增加车内乘客的危险吗？

这些道德和法律问题都是由自动驾驶这一技术进步而带来的全新挑战，人类社会必将在利用工具和发明工具的同时，被工具改变自身存在与运行的方式。

### 4．案例　自动驾驶汽车发展模式：特斯拉（Tesla）VS 谷歌

特斯拉 Model S P85D 在发布时，厂商就明确表示其具有各类传感器，可实现自动驾驶功能。限于当时的技术条件限制，软件方面没有全部开放所有的功能，特别是自动驾驶功能。2015 年 10 月，公司发布 7.0 版本固件，固件中搭载了名为 Autopilot 的自动驾驶功能。用户通过在线升级厂商推送的固件后即可解锁自动驾驶功能，特斯拉的自动驾驶功能主要包括自动车道保持、自动变道和自动泊车等功能。

与谷歌自动驾驶所不同的是，特斯拉并不是真正意义上的自动驾驶，而是高级自动驾驶（或辅助驾驶），谷歌的解决方案多依靠高精度雷达、高精度传感器和高精度地图，而特斯拉的高级自动驾驶则更多地依赖摄像头，依靠机器视觉进行车道保持、变道等功能。

与谷歌的理想化理念相比，特斯拉是务实的，现阶段的可行性更高，而没有直接指向终极解决方案。2016 年 1 月，特斯拉发布了 7.1 版系统。7.1 版系统新增加了辅助转向的安全限制，当车主开着特斯拉 Model S 进入住宅区行驶时，车辆可以通过地图自动识别道路环境，将车辆限制在一定速度内行驶。

## 第 8 章 自动驾驶：技术进步与社会变革

此外，7.1 版系统还加入了手机召唤功能。借助召唤功能，即使驾驶员在车外，Model S 和 Model X 也能完成泊车和驶离车位的操作，甚至还能根据需要开启和关闭预编程车库门。召唤功能是公司迈向全自动驾驶的重要一步，展现了特斯拉在自动驾驶领域的领先地位。目前，特斯拉被认为是全世界量产车中主动安全和准自动驾驶性能最先进的汽车。

2018 年，特斯拉全新 9.0 系统在温度控制界面上进行了一次改进，新界面集成了寒冷天气套件控制（包含座椅加热、转向盘加热和雨刷加热功能），并对空调控制界面进行了一次简化设计，使用起来更加简洁明了。

在 Autopilot 驾驶辅助方面，该系统新版本的辅助转向功能（测试版）现已包括自动变道功能；另外，在盲区警告方面，变换车道时，为提升安全性以及提示驾驶者，搭载具备全自动驾驶能力硬件的车辆会在转向灯亮起，并且在目标车道中检测到车辆或障碍物时，将仪表盘中的车道线标示为红色。未搭载全自动驾驶硬件的车辆显示没有变化。搭载了具备全自动驾驶能力的硬件的车辆现在可以利用所有 8 个摄像头，显示周围 360° 视角的车辆信息。仪表板中的盲区警告显示也因此更加完善，可清楚标示盲区中的车辆类型，进一步提升行车安全性。

2019 年 9 月，特斯拉正式向中国车主开始推送 V10.0 版本软件。本次升级更注重娱乐性方面的体验，全新引入了腾讯视频、爱奇艺、喜马拉雅等多媒体资源，同时对 Autopilot 的部分功能进行了细节方面的优化，为车主提供了更丰富的功能和更舒适的驾驶体验。该系统还改进了地图，可以更轻松地查找并导航至目的地。

自动辅助变道功能也得到进一步完善，可视化自动辅助变道可突出显示车辆即将进入的相邻车道。启用自动变道后，相邻车道会变成蓝色，车辆驶向的目的地将以白色呈现。可视化驾驶方面，经改进后，可视化驾驶能够显示车辆周围的多种不同物体和车道线，轻松应对更加多变的行车环境。此外，通过推动或捏合可视化驾驶画面，可临时调整视角及缩放比例。停止操作一段时间后，可视画面将恢复至默认状态。

值得注意的是，特斯拉的自动驾驶功能也在通过"自主学习"进行不断完善和优化。目前，遍布42个国家的客户已驾驶107 000多辆特斯拉汽车累计行驶了近20亿英里。

2018年11月，特斯拉车主在启用Autopilot智能驾驶系统时已经行驶超过10亿英里（约合16亿千米），2020年4月，特斯拉宣称其车辆的Autopilot半自动驾驶模式行驶里程数已达到30亿英里（约48亿千米），相当于绕地球跑了12万圈。

特斯拉自动驾驶功能正在以每天100多万英里的速度进行学习。特斯拉能通过汽车与中央数据库的无线连接来收集和在车辆间共享详细行驶数据，这令其在打造可靠体验方面具备了一个独特优势。

# 第 9 章
Chapter 9

## 跑得过飞机的高铁

高速铁路，简称高铁，它的出现是人类交通运输史上的重大进步，是综合科技实力的体现。在高铁出现之前，中国铁路运输速度没有超过 200 千米/小时的，而现今中国运行的高铁时速可达 300 千米/小时，京沪等主干线时速可达 350 千米/小时，可以说是铁路运输行业的创新性革命。高铁的发展并未止步，未来还可能出现时速 1000 千米的超级高铁，甚至比飞机还快。

# 01 Section 中国高铁发展现状

根据 2020 年发布的《新时代交通强国铁路先行规划纲要》，到 2035 年，全国铁路网将达到 20 万千米左右，其中高铁为 7 万千米左右。20 万人口以上城市实现铁路覆盖，其中 50 万人口以上城市高铁通达。全国 1~3 小时高铁出行圈和全国 1~3 天快货物流圈都将全面形成。

到 2025 年，铁路网规模达到 17.5 万千米左右，其中高铁运营里程预计将增至 3.8 万千米左右；2030 年则达到 4.5 万千米；到 2035 年，率先建成发达完善的现代化铁路网。

按照规划，届时，基本实现内外互联互通、区际多路畅通、省会高铁连通、地市快速通达、县域基本覆盖，提供强大运输保障，使中国铁路成为强国的重要标志和组成部分。

## 02 可能应用于未来的高铁技术

### 1. 变轨距列车

目前，我国正在开发时速 400 千米的变轨距列车，即能在不同轨距区段中直通行驶的列车。中国中车正在开发时速 400 千米的变轨距列车项目，研究"一带一路"沿线国家不同轨距、不同电压制式、不同环境温度、不同技术标准、不同信号控制的运行需求，按照统一的技术平台、不同的技术路线研制具有产品平台特征的时速 400 千米跨国联运高速列车。

### 2. 低温超导磁悬浮车

磁悬浮技术的研究源于德国，早在 1922 年德国工程师赫尔曼·肯佩尔就提出了电磁悬浮原理，1934 年申请了磁悬浮列车的专利。20 世纪 70 年代以后，随着世界工业化国家经济实力的不断加强，为提高交通运输能力以适应其经济发展的需要，德国、日本、美国、加拿大、法国、英国等发达国家相继开始筹划进行磁悬浮运输系统的开发。而磁悬浮列车是一种靠磁悬浮力（磁的吸力和排斥力）来推动的列车。由于其轨道的磁力使之悬浮在空中，行走时不需接触地面，因此其阻力只有空气的阻力。磁悬浮列车的最高速度可以达到每小时 500 千米以上，比轮轨高速列车的每小时 300 多千米还要快，因此可成为航空的竞争对手。目前世界上有三种类型的磁悬浮：以德国为代表的常导电磁悬浮、以日本为代表的超导电磁悬浮和以中国为代表的永磁悬浮。前两种磁悬浮都需要用电力来产生磁悬浮动力,第三种即我国则利用特殊的永磁材料,不需要任何其他动力支撑。

超导磁悬浮又分为低温超导和高温超导。但这里所说的"高温",其实仍然是远低于冰点温度0℃的,对一般人来说是极低的温度。低温超导的发现要追溯到1933年,德国迈斯纳和奥克森菲尔德两位科学家发现,如果把超导体放在磁场中冷却,则在材料电阻消失的同时,磁感应线将从超导体中排出,不能通过超导体,这种现象称为抗磁性。低温超导磁悬浮性质有两个,一是零电阻效应在前面已经提到过,就是当温度降到零下269℃附近,水银的电阻竟然消失,电阻的消失称为零电阻性(所谓"电阻消失",只是说电阻小于仪表的最小可测电阻)。二是迈斯纳效应,在磁场中一个超导体只要处于超导态,则它内部产生的磁化强度与外磁场完全抵消,从而内部的磁感应强度为零。经过科学家的努力,超导材料的磁电障碍已被跨越,下一个难关是突破温度障碍,即寻求高温超导材料。

日本在低温超导磁悬浮的研究处于领先地位。2015年4月,日本东海铁路公司(JR东海)在山梨磁悬浮试验线创下时速603千米的纪录。日本磁悬浮列车采用的是真正高科技超导磁体,在低温下没有电阻,无论通入多大的电流超导磁体都不会发热,这样就可以把磁体做得很小,质量只有200千克左右。在车厢前部两侧各挂一个,后部两侧各挂一个,通以十几倍的电流,就会产生十几倍的磁力,把40吨重的车厢上浮100毫米。这项试验成功后,在世界科技界引起很大反响。由于用超导材料制作磁体,利用超导磁体的排斥作用上浮,所以日本磁悬浮列车称为"超导排斥式磁悬浮列车"。

### 3. 低真空管道超高速磁浮高铁系统

低真空管道超高速磁浮高铁系统是利用低真空环境和超声速外形减小空气阻力，通过磁悬浮减小摩擦阻力，实现超声速运行的运输系统。与传统高铁在陆地上行驶不同，超级高铁在封闭管道中运行，列车理论时速能达到 1000 千米以上，被称为超级高铁。

"超级高铁"是以机械工程师达里尔·奥斯特在 20 世纪 90 年代提出的"真空管道运输"为理论核心设计，因其外形酷似胶囊，故也被称为"胶囊高铁"。在普通大气环境下，当列车时速达到 400 千米以上时，超过 83% 的牵引力会被浪费在抵消空气阻力上。这种情况下气动噪声、阻力、能耗都会随着列车速度的增加而显著增长。低真空管道超高速磁浮高铁系统的解决方案是铺设真空管道，解决一系列空气动力问题，在维持高速的同时保证舒适性和能耗经济性。

对此项技术，国内外均有发展。美国"超级高铁公司"，中国的西南交通大学、中国航天科工集团公司的已经进行过相关试验。

### 4. 美国的"超级高铁"计划

2012 年，美国的埃隆·马斯克（Elon Musk）提出"超级高铁"计划，之后还发布了一份技术报告，对这一概念进行了完善。按照马斯克的描述，超级高铁的速度可以达到每小时 1200 千米以上，比波音飞机还快。图 9-1 是马斯克提出的超级高铁概念图。马斯克将超级高铁的技术论文进行开源，任何一家公司都可以参照这项技术来建设超级高铁。之后，美国多家公司对超级高铁项目进行投资。目前，进展较大的是维珍集团投资的维珍超级高铁初创公司（Virgin Hyperloop One）和美国超级高铁公司（HTT）。

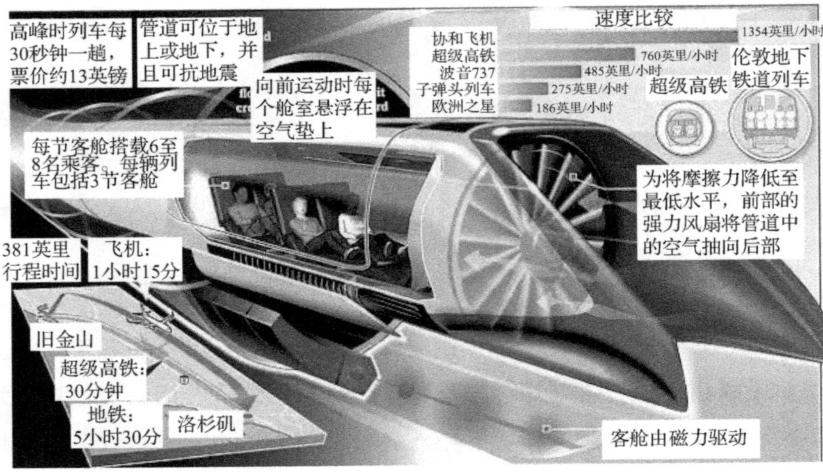

图 9-1　马斯克的超级高铁概念图

2016 年 5 月，美国超级高铁公司（HTT）在内华达州的沙漠里进行了超级高铁的试验，超级高铁的车身被设计成胶囊状，并在启动后 2 秒钟达到了 180 千米的时速。经过两年的测试与试验，该公司宣布超级高铁的轨道已经"接近成品"。2018 年 7 月，美国超级高铁公司（HTT）与中国贵州省铜仁市签署"真空管道超级高铁研发产业园项目"。

2017 年 5 月，超级高铁初创公司在位于北拉斯维加斯的测试跑道上完成了超级高铁的首次"全真空条件"测试。测试的主要目的并不是为了速度，而是为了在封闭的管道内实现全真空测试。在全真空环境下运行，相当于一架飞机在约 20 万英尺（约 6.1 万米）的高度飞行。在这样的高度，空气阻力小，能够确保更快的飞行速度。2017 年 7 月，超级高铁技术初创公司对其超级高铁系统进行了速度测试，最高速度达到了 192 英里/小时（约合 310 千米/小时）。其目标是在可控测试环境中最高速度达到 250 英里/小时（约合 402 千米/每小时）。但是，这需要更长距离的测试跑道。未来正式运营后，最高速度可达到 500 英里/小时（约合 805 千米/小时）。超级高铁初创公司的首条客运线路可能在 2021 年投入运营。其中一条候选线路是从迪拜到阿联酋首都阿布扎比，全长 102 英里（约合 164 千米），开车通常需要一个多小时，而超级高铁则只需 12 分钟。

2018 年 2 月，埃隆·马斯克获得了华盛顿政府的批准，可以在纽约和华盛顿特区之间挖掘一个地下隧道，建立一条连接纽约和华盛顿（约 363 千米）的超级高铁，将穿越这两座城市之间的时间缩短到 29 分钟。

埃隆·马斯克的计划是：每日可以运送 16.4 万名乘客，每 40 秒就可发车一次。这种新式交通系统时速能加速到 1220 千米，超过绝大部分飞机的最高时速。3 年后形成实际运力，10 年后建成连接全美重要城市的超级高铁网络，这样任何美国两个最远的城市之间的旅行时间将不超过 4 小时。

2018 年 4 月，马斯克宣布，旗下"超级高铁乘客舱"将进行测试，目标运行速度为音速的一半，并在 1.2 千米内完成制动。

2018 年 7 月，超级高铁公司（Hyperloop Transportation Technologies，HTT）宣布将在中国贵州省铜仁市建设一条 10 千米长的超级高铁线路。该项目融资将通过公私合作的形式进行，同时，铜仁市交通旅游开发投资集团计划投资 50%的资金。

## 5．中国的超级高铁

（1）西南交通大学的真空管道超高速磁悬浮列车

2004 年，西南交通大学沈志云院士提出关于真空管道超高速交通的设想,并将发展战略定位于每小时 600～1000 千米超高速地面交通。2011 年,西南交通大学建成世界上第一个"真空管道磁悬浮列车试验系统"。2014 年,西南交通大学搭建了全球首个真空管道超高速磁悬浮列车环形试验线。这条试验线路总长 45 米,设计载质量为 300 千克,最大载质量可达 1000 千克,悬浮净高大于 20 毫米。列车运行时,管道内的大气压相当于外界的 1/10,从而减少了空气对磁悬浮列车的阻力。它采用直线电机弹射加速,可将列车模型在 140 米的距离内加速至 400 千米/小时,并在行驶过程中完成列车空气动力学、管道、磁轨、车体耦合振动、运行平稳性及稳定性等一系列测试,为下一步的载人试验打下基础。目前真空技术已经成熟,高温超导技术也已经有了成型的解决方案,一旦二者成功结合,在理想状态下,列车在低压管道中最终将实现大于 1000 千米的时速,并且能耗低、无噪声污染。

2021 年 1 月 13 日,西南交通大学宣布,应用原创技术的世界首条高温超导高速磁浮工程化样车及试验线在该校正式启用。研究人员表示,这是高温超导高速磁浮工程化研究从无到有的突破,具备了工程化试验示范条件。该试验线位于西南交通大学牵引动力国家重点实验室,验证段全长 165 米,实验车车底布满特制的高温超导材料,依靠液氮形成的低温,达到超导和磁悬浮效果,悬浮高度 10 毫米,承重 200 千克,测试时速最高可达 400 千米/小时,可实现高温超导高速磁浮样车的悬浮、导向、牵引、制动等基本功能,以及整个系统工程的联调联试,满足后期研究试验。按次进程,我国最快将于 2021 年达到 1500 千米试验时速。

(2)中国航天科工集团公司的超级高铁

2017 年,中国航天科工集团公司宣布将联合国内有关优势单位,开展"高速飞行列车"的研究论证，拟通过商业化、市场化模式，将超音速飞行技术与轨道交通技术相结合，研制新一代交通工具，利用超导磁悬浮技术和真空管道，致力于实现超音速的"近地飞行"。并公布了一个三步走计划。第一步，利用 1000 千米/小时的运输能力，建设区域性城际飞行列车交通网；第二步，利用 2000 千米/小时的运输能力，建设国家超级城市群飞行列车交通网；第三步，利用 4000 千米/小时的运输能力，建设"一带一路"飞行列车交通网。"飞行列车"项目涉及的技术包括超声速技术、高温超导磁悬浮技术、仿真建模技术、电磁推进技术等。

2018 年 11 月，中国汽车制造商吉利控股集团有限公司与中国航天科工集团有限公司签署战略合作协议，双方将共同开发高速飞行列车。根据协议，两家公司将集中力量，专注于开发下一代汽车和移动技术。

### 6. 超导磁悬浮高铁系统面临的问题

目前，以日本为主导的超导磁悬浮经济上造价很高，运营可靠性不是很高，离商业化应用还有一段距离。山梨磁悬浮实验线旨在为 2027 年东京至名古屋线的商业运营做准备，为了这条线路 JR 东海共投资 5.52 万亿日元（约合 470 亿美元），成本高昂。

以德国技术为代表的常导磁悬浮列车造价也同样高于轨道高铁，比轨道高铁造价 2 倍还多。目前，高速磁悬浮列车商业化的只有上海。上海磁悬浮列车运营速度为 430 千米/小时，部分时段运营速度为 300 千米/小时。轨道全线两边 50 米范围内装有目前国际上最先进的隔离装置。但磁悬浮列车换乘不方便，即使在机场里设有引导员引导乘客，客流量还不到两成。

而低真空管道超高速磁悬浮高铁系统要实现商业化也面临着不少实

际问题,比如,磁悬浮本身的高技术成本、长距离真空管道建设和维护的高昂投入,以及在超高速情况下保障乘客安全性的要求等;再如,高速转弯时如何让乘客适应巨大的离心力;此外,真空管道交通建筑长达数千千米,一旦遭遇停电或者列车事故长时间停车,如何给乘客供氧?

## 03 Section 对经济和社会的影响

### 1. 提升旅途舒适感

"速度改变生活"渗透到社会经济、生活的方方面面。它的出现不仅缩短了旅途时间,而且改变了人类的出行方式,提升了旅途的舒适感,例如,北京距武汉1100多千米,坐高铁需耗时约5个小时。一旦"高速飞行列车"开通,这个时间将缩短至半个小时。上午的会,当天早上出发就能赶到,开完会,回家吃饭,就跟在一个城市上下班一样。同时,可以节省住宿费用和减少旅途中携带的物品,实现来去自由,抬腿就走,说到就到。

### 2. 改变城市格局

高速铁路对高铁沿线城市第三产业的发展产生积极影响,扩大了现有的城镇区域分工与竞争的空间范围,有利于城市群内部结构的调整优化。高速铁路缩短了区域之间到达时间,加快资源配置,改变了城市群结构,形成超级城市群1小时经济圈。高速铁路网络的构建将形成更大范围内的竞争,使核心城市竞争力更强,人才和资源向核心城市聚集,加速形成超级城市。但是,对于缺乏竞争力的中小城市可能会面临更严重的虹吸现象,城市规模将出现两极分化现象，但有利于缩小城市间的收入差距。

### 3. 提升运行效率和经济活力

高铁以其"高速"运输能力，大大缩短城市间的距离感，并为经济发展带来前所未有的机遇。中国经济发达区域的高铁网络除了提升运力与可达性，还将带来产业、就业、城镇化等诸多有利影响，产生区域融合效应，促进区域一体化，并使区域走向均质化发展。在资源交流方面，高铁快运等的发展为网上购物等互联网经济的发展奠定了坚实的基础，提升了经济效率和活力。高铁与网络的高速发展是中国经济效率提高和GDP内生增长的一实一虚的两大主因。

### 4. 促进国际贸易发展

变轨列车、高速列车成为中国"一带一路"倡议的重要支撑，为"中国制造强国"战略和中国经济的"创新推动发展"起到了至关重要的推动作用。由高铁带来的空间可达性和区域关联度的提高，促进了区域之间的互动交流。随着中国高铁走出国门，连接世界，将促进中国与世界经济的沟通效率，促进国际贸易的深层发展，甚至改写中国乃至世界经济版图。

# 第 10 章
Chapter 10

# 人机交互新模式：VR/AR/MR 产业逐渐形成

# 第 10 章　人机交互新模式：VR/AR/MR 产业逐渐形成

2016 年，淘宝宣布推出"败家 Buy+"虚拟购物应用程序，借助于 VR/AR/MR 技术，买家戴上虚拟现实眼镜就可以在家里体验商场购物的感觉。2016 年 9 月 18 日，NASA（美国国家航空航天局）在佛罗里达州的肯尼迪航天中心游览区举办了一场名为"目的地：火星"的混合现实展览。2020 年，在新冠疫情影响下，传统行业受到影响，而 VR、AI 等技术带动的在线直播行业和 VR 游戏行业获得空前发展。目前，中国在线直播行业用户规模突破 5 亿人。经过多年的技术储备和市场酝酿后，虚拟现实、增强现实与混合现实产业逐渐形成。

## 01 Section　什么是虚拟现实、增强现实、混合现实技术

虚拟现实（Virtual Reality，VR）、增强现实（Augmented Reality，AR）、混合现实（Mixed Reality，MR）技术都属于数字感知技术，利用数字化手段捕获、再生或合成各种来自外部世界的感官输入，从而达到一种身临其境的沉浸感，英文简称 VR/AR/MR。它们的不同在于：AR 技术是采用计算机图像技术对物理世界的实体信息进行模拟、仿真，即把现实世界变成虚拟世界；VR 技术则是借助于计算机图形技术和可视化技术产生物理世界中不存在的虚拟对象，并将虚拟对象准确"放置"在物理世界中，即把虚拟世界变成现实世界的组成部分；而 MR 技术则是在虚拟世界与现实世界之间建立一种交互关系，即形成虚拟和现实互动的混合世界。

## 02 虚拟现实、增强现实、混合现实技术可以做些什么

虚拟现实、增强现实和混合现实（以下简称 VR/AR/MR）技术可以在虚拟世界和现实世界之间建立一种联系，形成一种新的人机交互模式，从而极大地扩展人类的感官体验，并重新认识这个世界。

### 1. 把世界看得更清晰、更透彻、更丰富

对于个人来说，对现实世界的感知其实是感官传递给大脑的信号，感知的增强可以扩大我们的认知世界。就像用望远镜可以看得更远、用显微镜可以看到微小生物一样，VR/AR/MR 技术可以把我们原先无法感知的事物呈现出来，把听不到的声音模拟出来，把看不清的事物清晰化，创造出一个增强版的现实世界。从这个角度来说，VR/AR/MR 技术通过对我们感知的增强，帮助我们把世界看得更清晰、更透彻、更丰富。

### 2. 把世界装进口袋里

VR/AR/MR 技术可以将物理世界的物体特征进行信息重构，建立同现实世界一样真实的虚拟世界。如同电话可以将声波变成电信号，转换成声音，视频电话可以将声音、画面进行信息重构，而"真实的"虚拟世界则是对物体多维特征的信息重构，它涵盖视觉、听觉、嗅觉、触觉等多维度的感知，例如一朵郁金香，不但包括花的美丽外表，还包括花

# 第 10 章　人机交互新模式：VR/AR/MR 产业逐渐形成

的香味，甚至包括风吹过花的声音，触摸花的触觉。如果我们把物理世界的所有信息重构，转化成虚拟空间，那么我们的手机借助物联网技术，就可以装下整个世界，轻松地放进口袋里，足不出户，看遍世界。

### 3. 虚拟世界与现实世界融合形成混合世界

VR 技术可以让现实世界转化成虚拟世界，AR 技术可以让虚拟世界叠加到现实世界，MR 技术又使虚拟世界和现实世界实现交互，两个世界出现一种融合趋势。未来，你可能分不清哪部分是虚拟的，哪部分是现实的，整个世界变成虚拟世界与现实世界的混合体。

## 03 Section　产业发展现状

随着 VR/AR/MR 技术的逐步成熟，某些应用得以实现，并有进一步形成产业的趋势。

### 1. 发展历程

最早描写 VR 的是 1949 年美国科幻小说家斯坦利·温鲍姆（Stanley G. Weinbaum），他在《皮格马利翁的眼镜》（*Pygmalion's Spectacles*）中首次提出了虚拟现实的概念，描述了一个基于头戴式显示器的虚拟现实系统，并且融合了嗅觉和视觉的体验。直到 1968 年，传奇的计算机科学家伊凡·苏泽兰（Ivan Sutherland）才开发出了最早的虚拟现实头戴显示器设备——"达摩克利斯之剑"，名字由来大概是因为这个设备太重，需要用一根杆吊在人的脑袋上方。直到现在，除了视觉和听觉，虚拟现实技术仍然没有办法模拟其他三种感觉（嗅觉、触觉和味觉）。

作为最近几年来炙手可热的技术，虚拟现实的概念早已被提出。20世纪80年代，美国VPL公司创建人Jaron Lanier公开了一种技术假象：有一种技术可以综合利用计算机图形系统和各种现实及控制等接口设备，在计算机上生成、可交互的三维环境中提供沉浸感觉。Jaron Lanier将这种技术命名为VR（Virtual Reality，VR，即虚拟现实）。

2012年8月，一款名为Oculus Rift的产品登录Kickstarter进行众筹，首轮融资就达到了惊人的1600万美元，一年后，Oculus Rift的首个开发者版本在其官网推出，2014年4月，Facebook花费约20亿美元收购傲库路思（Oculus）公司的天价收购案，也成了引爆虚拟现实的导火索。

之后Oculus突飞猛进，2019年开发出无线、终端一体化的AR设备Oculus Quest系列产品，带动AR游戏收入和设备销量快速增长。根据谷歌财报，2020年第四季度的"其他"收入一项已达8.85亿美元，比2019年第四季度的3.46亿美元增加了一倍多，这一增长主要是由Oculus Quest 2的强劲销售推动的。

2017年9月，清华启迪控股集团子公司"启迪数字天下"发布自主研发的"TW_AR识别引擎"，并向行业用户提供移动增强现实（AR）开发平台、整体技术服务解决方案、TW_AR识别引擎SDK增强现实开发包，旨在让各平台的开发者更方便地开发AR应用和游戏，以及快速集成TW_AR识别引擎云识别服务。

图10-1为虚拟现实的发展历史。

# 第 10 章 人机交互新模式：VR/AR/MR 产业逐渐形成

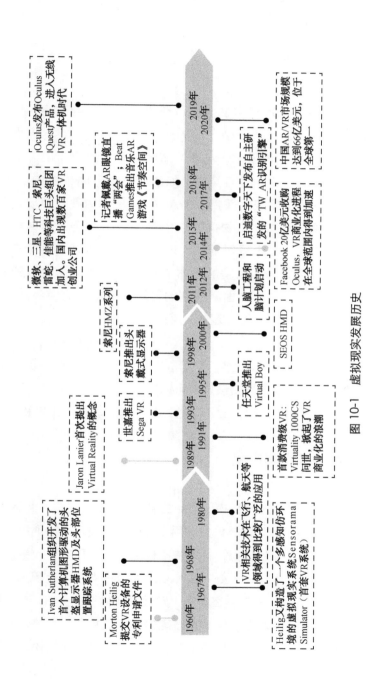

图 10-1 虚拟现实发展历史

## 2. 应用领域

目前 VR/AR/MR 技术主要应用在娱乐、培训与教育、医疗、导航、旅游、购物和大型复杂产品的研发中。例如,娱乐方面主要包括采用 VR/AR 技术的游戏、电影、演唱会等,用户戴上 VR/AR/MR 眼镜和耳机可以 360 度参与其中,如同目击者身临其境的现场感受。培训与教育方面主要包括采用 VR/AR/MR 技术的教育体验课程和立体式教学课程。例如,生物模型、太空漫步、分子立体结构、人体解剖。医疗方面,医生可以借助 VR/AR/MR 技术让人体结构全方位清晰呈现,轻松完成高难度的手术。旅游、购物方面可以通过增强现实技术为用户提供更全面、周到的体验,例如,旅游者看到哪里,AR 设备就会呈现出这里的历史、原貌等信息。

根据高盛发布的 VR 报告,VR 和 AR 不仅有潜力创造出新的市场,还将颠覆当前的一些市场。该技术可以应用到如下领域:视频游戏、事件直播、视频娱乐、医疗保健、房地产、零售、教育、工程和军事。

## 3. 相关公司与产品

目前市面上能见到的 VR 产品主要分为三类,第一类是 Google cardboard 类型的设备,这类设备利用了 VR 成像技术的物理原理,以简单的物理手段实现 VR 模拟,特点是不自带屏幕,需要插入手机等设备进行配合。代表产品是 Google cardboard,复杂一些的则有暴风魔镜、三星 GEAR VR,等等。第二类在狭义上可以被叫做 VR 头盔,目前最受关注。这类设备的特点是自带屏幕和一定的计算芯片,并且外设有较为丰富的感知系统和交互系统,更加适合沉浸式体验和游戏操作。但这类产

## 第 10 章 人机交互新模式：VR/AR/MR 产业逐渐形成

品携带的芯片数量不多，性能不强，需要配合电脑主机等现有的处理平台才能完成视频的输出。Oculus Rift、HTC Vive、Sony PS VR 等新闻上经常出现的热点 VR 产品都属于这一类。第三类则可以算作完整意义上的 VR，即 VR 一体机，特点自然就是可以独立运算，不必借助外界平台。但由于技术条件限制，此类产品目前功能有限，市场占有率并不高，更多是概念产品。

参与 VR/AR/MR 产业的公司越来越多，包括谷歌、索尼、HTC、Facebook、微软、三星、3Glasses、百度、联想、暴风魔镜、睿悦科技、焰火工坊、乐相科技、Coolhear、亮风台、兰亭数字、乐活家庭、共进等公司。据估计，全球 VR/AR 领域的公司已经达到上千家。2014 年 4 月，Facebook 收购 Oculus 后，扎克伯格希望将 Oculus 的虚拟现实技术变成社交网络。但 Oculus Rift 最初主要用于游戏，这款产品将提供名为 Oculus Home 的软件界面，用户可以浏览、购买和运行游戏，还可以与其他玩家互动。除此之外，该公司还将提供一个 2D 版界面，以便在没有眼罩时使用。简而言之，Oculus Rift 是放置于你脸上的一个屏幕。开启 Oculus Rift 后，它会欺骗你的大脑，让你认为自己正身处一个完全不同的世界，例如，太空中的飞船上，或者摩天大楼的边缘。未来该设备可以让你置身于实况篮球比赛的现场或者躺在沙滩上享受日光浴。2016 年，三星和 Facebook 联合推出了一款全新的 Gear VR 虚拟现实头盔，用户通过 Micro USB 接口将智能手机连接到头盔上，观看视频时就可以实现穿越时空，身临其境。

2015 年，获得谷歌注资 5 亿多美元的 Magic Leap 高调宣布正在研发增强现实的新技术；微软发布全息眼镜 HoloLens。中国 VR/AR/MR 产业的声势也比较高涨：2015 年 11 月 Coolhear 和亮风台公司相继发布了首款 VR 耳机和首款 AR 双目立体视觉眼镜；北京兰亭数字公司打造了中国首部 VR 电影。

2018 年、2019 年 Oculus 相继发布 VR 一体机 Oculus Go、Oculus Quest，开启了 VR 设备无线化、终端一体化的先河。

2018 年，节奏游戏公司（Beat Games）推出音乐 AR 游戏《节奏空间》（Beat Saber），迅速登上蒸汽平台（Steam）排名前 10 的游戏榜，并让大家发现 VR 原来如此有趣。而《俄罗斯方块：效应》与《太空机器人救援任务》则是 VR 游戏另外两种绝佳的范例，颠覆了人们对于 VR 游戏的固有观念。

### 4．产业规模

2020 年 3 月，Facebook 确认有 20 款 Oculus Quest 游戏在 Quest 平台上的收入超过了 100 万美元。2020 年 9 月，收入超过 100 万美元的游戏数量已经增加到 35 款。2021 年 1 月，Facebook 现实实验室副总裁 Andrew 'Boz' Bosworth 通过推特提供了 Quest 游戏和应用收入的最新情况。他指出，目前已有超过 60 款 Quest 游戏的收入超过了 100 万美元。这大概占到了商店中所有应用的 30%。

2020 年 10 月，以 "VR 让世界更精彩——育新机、开新局" 为主题的 2020 世界 VR 产业大会云峰会上，共签约 VR 产业项目 78 个，签约总金额为 661.9 亿元。根据 IDC 中国发布的《IDC 全球增强与虚拟现实支出指南 2020》，中国 AR/VR 总体市场规模于 2020 年年底达到 66 亿美元左右，较 2019 年同比增长 72.1%，超过美国市场位列全球主要市场首位。同时，中国 AR/VR 产业全球占比将达到 55%，成为支出规模最大的国家，其次是美国。预计未来 5 年（2020—2024 年）国内 AR/VR 产

# 第 10 章 人机交互新模式：VR/AR/MR 产业逐渐形成

业平均增长率可达到 47.1%的水平，这基本预示着国内市场将持续保持 AR/VR 产业的"全球第一大规模"。

## 5. 存在的问题

目前，VR/AR/MR 产业尚处于起步阶段，还存在应用不足，技术储备不足，数据库建设不足等方面的问题。例如，VR/AR/MR 产品在使用便利性和应用普及程度上还存在问题，需要开发者在寻找技术与应用的结合点上下大力气。对于 VR/AR/MR 技术，普通用户期待的不是炫酷的技术体验，而是对于生活质量和学习水平实实在在的改善和提高。例如，戴上智能眼镜可以随时知道今天的天气情况、餐馆的用户评价、某个知识难点的立体讲解等。目前的增强现实技术尚处于发展阶段，我们还没有办法在生活中完全依赖增强现实的应用和设备。与百家争鸣的硬件市场不同，软件以及内容可谓是目前 VR/AR/MR 的短板。无论游戏、教育还是娱乐，AR/VR 现在都更像是一个"体积很小""私人化"的大屏幕而已。VR/AR/MR 技术要想得到很好的应用，需要建设庞大的虚拟现实数据库和开发工具，这是单一企业所力不能及的，需要国家给予一定的资金与政策支持，促进技术的发展和产业的培育。

VR 领域的专家，曾参与同美军合作研发头戴显示器项目的史蒂夫·巴克（Steve Baker）认为现有的 VR 设备都远未成熟。在他看来，因为一些无法突破的技术限制，也许 VR 永远都不会成功。例如，VR 设备容易导致眩晕的问题。美军使用的造价 8 万美元的 VR 头盔性能比任何市售的 VR 产品都要强，具有更小的延迟、更高的解析度和更准确的头部追踪，但仍然无法解决 VR 设备让人眩晕的问题。更糟糕的是，有可靠的研究证实，VR 设备造成的眩晕感可能在你停止使用设备 8 小时后依然存在。导致眩晕的原因可能与用户所感知的行动和实际所见产生的错位有关，更深层次的原因是视觉神经和前庭刺激之间无法达成一致。如何解决这种人脑深度知觉的问题是未来 VR 发展的关键。

## 04 Section 对经济和社会的影响

若 VR/AR/MR 产业发展壮大，将对人们的经济和社会生活产生深远影响。

### 1. 可视化生产，加快产品研发进度

大型产品、复杂系统的研制往往涉及成千上万的系统或者零部件，它们之间的关系单凭想象无法梳理清楚，而借助 VR/AR/MR 技术可以真实地呈现某个设计环节，而不用完成整个设计后才发现问题，从而导致巨大的时间成本和生产成本。同时，VR/AR/MR 技术可以使培训简单化，例如，戴上 VR 眼镜，可以显示操作指令与说明图片，让员工即使无法记住所有流程也能执行操作，还可以避免误操作。该技术可以广泛应用于航空、航天、造船等重工业领域，加快研发进度，提高生产效率。

### 2. 多维学习，突飞猛进，改变人类学习的极限

建立多维的记忆，多维的思考，结合人工智能和物联网的辅助，

# 第 10 章 人机交互新模式：VR/AR/MR 产业逐渐形成

很可能引发人类学习的革命，突破人类大脑的生理极限。从口口相传到文字记录再到音频影像，每次的媒介提升带来的都是人类文明的跨越式发展。图 10-2 是人类交互方式的演变，从报纸、广播的单媒介，到电视、电脑的多媒体，再到 VR/AR/MR 技术产生的立体式、交互式学习方式，媒介维度的扩展促使人类文明不断进步。VR 在教学领域远不止"生动""活泼"，它的意义在医学上更加深远。例如，屏幕中投射出正在搏动的心脏，操控者可以随时观察每个部位，并且拆分它们。这样的教学不仅节约了实验的生物成本，学生操作的精准度和理解力也会大大提升。

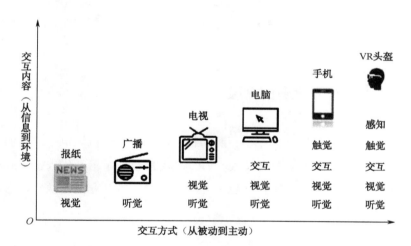

图 10-2　人类交互方式的演变

## 3. 娱乐产业的革命

VR/AR/MR 技术将使娱乐产业发生巨大变化。娱乐本身是一种体验活动，这正是 VR/AR/MR 技术的特点。未来的电影是互动的电影，观众可以拥有 360 度体验，成为电影的现场目击者，甚至参与者。你能感受到拳头打过来时的风声，你能闻到鸡翅的香味，你能感觉到汽车呼啸而过的震动。加入 VR/AR/MR 技术的电影比 3D 电影要提高几倍的感官体验。游戏也不只是电脑与手机上的游戏，还可以是在现实世界与虚拟角色互动的游戏，天空中猛然降下一个怪兽，你还可以与它对打，这种感觉绝对够棒，当然只有戴上 VR/AR/MR 产品的人才能感受的到。

### 4. 营销手段的改变，刺激需求

VR/AR/MR 技术可以将原本普通的营销方案转化为全方位的视觉、听觉互动体验，并对用户提出的方案进行实时、真实地展现，让用户更好地了解自己的需求，减少交互成本，挖掘潜在需求，刺激消费增长。

### 5. 促进信息产业的升级

目前，5G、互联网、手机、照相机、电视、游戏机等电子产品面临市场饱和，需要寻找新的增长点。VR/AR/MR 改变了下一代人机交互模式，从硬件、软件、内容到平台等全产业链对信息产业更新换代，形成新的庞大市场空间。

# 第 11 章
Chapter 11

# 移动搜索的未来——视觉搜索

人类有近 80%的信息获取来自双眼，人们对所看到的事物总是充满了好奇心。当图像遇到搜索引擎，产品化的火花——"视觉搜索"（Visual Search）便应运而生，给你想要的答案。例如，当你对路边一只小狗感兴趣时，使用视觉搜索软件进行识别，你会知道它属于哪一种狗，它的成长历史和基因信息，它的生活习性，如何养好它，周围是否有宠物医院，在什么地方可以买到这种狗等一系列的相关信息。

目前移动设备逐渐普及，智能化程度也越来越高，搜索的过程逐渐从 PC 端转到了移动设备（如手机）中，搜索方式正发生转变，文字、声音已无法满足人们的搜索要求，视觉搜索更加符合人们随时随地搜索的特性，贴近自然的搜索模式将取代传统的搜索方式。

## 01 Section 什么是视觉搜索

移动搜索相比较于传统 PC 的搜索发生了较大的变化，主要体现在以下方面：搜索诉求不是仅单纯地获取信息，而是对本地化、生活化的具体实体展开搜索；搜索方式从 PC 端的 Web 网页演变为 App。图 11-1 为移动终端的部分传感器的展示，由于丰富的传感器，输入方式从传统的文字输入演变为文字、声音、图像、位置、体感等的综合输入，因搜索场景的移动性和网络环境的变化而发生变化；操作自然、智能和互动，便捷性显著提高，如选用语音和图片输入；广告营销模式也更加灵活多样。

## 第 11 章　移动搜索的未来——视觉搜索

图 11-1　移动终端的传感器

"贴近自然的搜索模式终会取代传统的搜索模式"。在移动端，基于语音的搜索技术已经较为成熟，具有代表性的就是苹果的"Siri"，它可利用人们的口述信息进行检索，Siri 的出现让搜索更加符合人们的自然需求，使人与机器的交互演变为人与人的自然交流。此外，还有基于位置的搜索，当我们旅游至某地后，就可以收到相应的酒店、餐馆等方面的提示信息，快速让我们熟悉所在地。除文字、声音、位置等搜索外，又一种自然搜索模式——视觉搜索也将深度影响人们的生活。

移动互联网终端的视觉搜索比语音搜索发展潜力要更大。语音搜索相较于视觉搜索来讲，识别率低，对使用者的说话语速、语气、口音等具有较高的要求；语音搜索适合相对独立和安静的空间使用，受使用场景局限，使用手机语音会干扰周围的人，也极容易被周围环境干扰。视觉搜索在移动场景下对"线下实体"的搜索，如环境、商铺、餐厅、招牌、商品、图书、菜品、景点，等等，具有天然的技术优势。

视觉搜索是通过搜索视觉特征，为用户搜索互联网上相关图形、图像资料检索服务的专业搜索引擎系统，是搜索引擎的一种细分形态。视觉搜索的基础，可简单理解为当你拍摄一张照片后系统会提取此图片的信息，然后和图片库中的图片进行比对，最终找出和图片具有极高相似度的一张图片。移动互联网时代的入口是摄像头，就像 PC 时代的搜索框一样，而流量入口是搜索引擎的生命之源，这也是谷歌和百度等搜索巨头都对视觉搜索投入大量资源的原因。

视觉搜索这种技术已有很长的发展时间了，传统 PC 的 Web 端已有百度识图、Tineye、Picitup 等搜图网站。当我们在文库、微博或贴吧等地方看到一张喜欢的图片，但苦于图片中有水印而无法收藏时，或看到了一张外文的宣传海报，但由于知识水平无法看懂上面的外文信息，此时人们只需要把这张图片上传到识图引擎上，很快就能得到我们想要的信息。借助图片视觉搜索，可检索公众人物、感兴趣的影片、图片真假识别、图片质量优化等。

视觉搜索在 PC 端上优势有限，但当把该搜索技术 "移动"起来，其功能便异常强大。移动终端设备目前几乎全天都在我们身边，已经是生活必需品了，借助移动终端在生活中发现新东西的概率，远比在网页浏览时发现新东西的概率要大得多，而利用传统搜索无法准确地完成对事物的描述，很多时候这就成了一个有头无尾的搜索过程。但在移动端选用视觉搜索的话，借助所拍影像或图片资料，马上就能得到我们想要的结果，快捷、高效且符合人们的自然习惯。

## 02 视觉搜索能做些什么

视觉搜索技术的基本功能是查找相似图片、识别图片中的事物等，当这种神奇的搜索能力与移动端的穿戴设备、社交网络以及数以万计的 App 结合起来时，这种搜索方式立刻会变得十分强大，影响我们生活的方方面面。

### 1. 电子商务领域

搜索引擎的一个重要应用就是与电子商务结合，而视觉搜索更是将这一应用往前推进了一大步。

在商店里当我们看上一条领带，但不喜欢它的颜色，同时我们期望买到性价比更高的商品，此时，我们要做的只需要拍下领带的样子，然后将其跳转至某东、某宝等终端 App，很快就能得到具体的价格还有其他类似的领带信息，给我们更多的选择，帮助我们更快选择真正符合我们需求的商品。图 11-2 展示了如何借助视频搜索购买心仪的领带。

### 2. 社交领域

视觉搜索在社交方面也有不错的应用，它有助于我们结识一些与我们有相同兴趣爱好的人，扩展深化社交网络。Clickpic 就是这样的产品，我们拍摄自己的照片上传后，可以看见社交网络中其他用户的相似图片，通过这种相似的图片便可建立起话题式讨论小组，结识具有相同兴趣爱好的人们，扩大上传者的社交网络。目前在中国由于 Clickpic 相似识别率不高、数据库内容有限、无法进行评论等其他水土不服的特点，并不能很好地实现国人的社交需求，但该社交方式具有进一步深入发展的潜力。

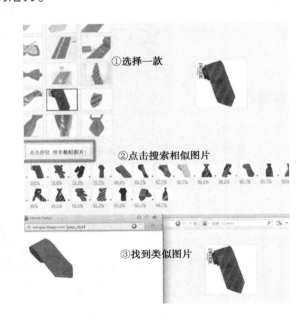

图 11-2　借助视频搜索购买心仪的领带

## 3. 图形设计领域

在图形设计领域，设计者并非是完全从无到有的，他们常常需要在已有的设计元素基础上，加入用户需求及自己的设计理念进行深入设计，因此，已有设计元素库的容量及设计者快速定位元素库中的某些图形，即常常需要根据设计要求快速检索到需要的图片信息至关重要。视觉搜索可根据设计者要求，高效检索图片信息，有效增加设计者的灵感，减少无效劳动。

### 4. 人工智能领域

当今时代，人工智能的技术水平逐渐增加，而视觉搜索是利用机器更好地服务人类的技术，它用到人工智能的很多技术，同时也是人工智能技术发展的有效补充。

视觉搜索的产生与应用使机器智能化程度更高。瑞典公司 Polar Rose AB 在 2006 年就开发了在搜索软件中加入面部识别的技术，通过采用 3D 模式解析脸部图片，将人的面部统计出多个不同的特征；Xcavator、Picitup、Gazopa、谷歌等都有面部匹配或是以人物个数为检索图片的筛选项。

### 5. 医学领域

许多与医学和健康的相关专业需要用到如 X 光、扫描影像之类的可视信息资料，用于诊断和检测疾病。视觉搜索技术能够有效地用于这类信息的表示、存储、传输和分析，针对该领域的研究主要集中在图像处理上，例如，边界或者特征检测，可用于跟踪肿瘤的生长。

## 03 Section 产业发展现状

摄像头目前已是移动设备的标配，视觉搜索具有巨大的发展潜质，随着视觉搜索技术趋于成熟，未来的搜索方式也会更加自然，更加贴近我们的生活实际，并带动更多产业的发展。

### 1. 应用领域

视觉搜索涉及我们生活的方方面面，涉及的应用领域也极其广泛，除直接影响电子商务、社交、图形设计、人工智能、医学等领域外，在出版、建筑设计、天文学、地理学、历史研究、音乐搜索等方面也正被应用或试验。视觉检索正随着相关技术的发展更广泛而深入地进入我们的生活。

### 2. 相关公司与产品

在这项神奇的技术领域里，国际互联网巨头谷歌、百度、TinEye、GazoPa 等纷纷摩拳擦掌。目前涌现出很多视频搜索类引擎，包括百度的百度识图、按图搜索的购物搜索引擎、谷歌的以图搜图，等等。

谷歌在 2009 年分别推出网页版 Google 相似图片搜索和 Google Goggles，后者是一款安卓版 App，可以拍照并搜索相似照片。2010 年，谷歌特意收购了英国视觉搜索公司 Plink，以加强 Goggles。谷歌将相

# 第 11 章 移动搜索的未来——视觉搜索

似图片搜索技术应用于购物搜索,其他方面并未带来商业价值,直到 Google Glass 的出现才让其积累多年的视觉搜索技术有了爆发的空间。Glancely.com 网站创立于 2010 年 10 月,专注提供实时的视觉搜索技术,让用户通过价格、颜色等元素挑选商品。百度在 2013 年年初发布了其视觉搜索功能,为国内首家视觉搜索引擎,凭借图片即可进行搜索。

## 3. 产业规模

视觉搜索所带来的更多的是对传统检索方式的提升,而正是由于搜索方式的丰富,扩大了人们认知世界的手段,带来的产业革命的升级也是顺理成章的。未来,单单移动视觉搜索所带来的电子商务产业的发展将有十亿元级产业规模,如果进一步核算对社交、医学等领域的影响,预计将达到数百亿元规模。

## 4. 存在的问题

视觉搜索的未来很令人期待,但现实技术的实现仍不尽如人意。李彦宏曾指出,视觉搜索目前仍是待解的技术难题。视觉搜索的关键技术密集,并且面临与以往的搜索技术完全不同的背景技术难题,例如,移动端相机水平的参差不齐,照片信息模糊、色彩失衡、过度曝光、数据量大等问题,技术发展相对迟缓。

技术发展方面既有挑战也有诸多进展,例如,目前在对平面或刚性物体(油画、书籍、建筑物、CD、明星照片等)的搜索方面,准确率已超过 90%,而对于非刚性物体的图像识别,需要更加有效的机器算法(比如,活动中的动物)。部分软件的人脸识别性能已做到极高的精度,主要是由于人脸的规则性及海量的人脸照片库。在常规图像/影像资料等方面，视觉搜索的识别率显著低于二维码和条形码的识别率。正如常规文字搜索引擎尚无法完全解析人类自然语言一样，视觉搜索技术也无法完全了解图像的语义内容，对影像赋予的语义理解较为困难，凭借目前的识别技术，仅仅是将获取的资源进行清晰明确地罗列，然后让用户自行筛选，后续机器预处理数据量巨大。

视觉搜索的人机交互性有待进一步改善。苹果公司的 Siri 的语音搜索是在对话中完成的，而现在视觉搜索仍采用传统文字检索的方式，即使用者提交待检索的内容，然后进行检索的方式，交互的自然性较差。

此外，视觉搜索的数据传输量极大，对网络传输质量提出较高的要求，随着 Wi-Fi 覆盖加强及 5G 时代的到来，网络环境更好，视觉搜索性能也会大幅提升，李彦宏预言当搜索时长变为 0.1 秒以内后，视觉搜索就将迎来大规模应用。

## 04 Section 对经济和社会的影响

目前地图、语音搜索已相对成熟，而下一个正在爆发的则是视觉搜索，它必将影响我们的生活，带动新一轮技术产业的升级发展，加快互联网的变革；技术也是一把双刃剑，它的发展也必将挤压我们的隐私空间。

# 第 11 章　移动搜索的未来——视觉搜索

## 1. 变革传统搜索引擎

视觉搜索技术在 PC 端上的应用已经发展了很多年，积累了很多图像识别的先进经验，但相对其他检索方式，仍属于小众，目前移动网络迅猛发展，我们整天都携带的移动设备，在生活中比在 PC 网页浏览时发现新东西的概率要大得多。将视觉搜索与移动终端相连接，便会产生深度的"化学反应"，功能不可小觑。传统的文字搜索，我们需要忍受虚拟键盘打字的不方便，同时由于描述我们看到图案的特征较为困难，在很多情况下，这是一个有头无尾的搜索过程，而视觉搜索只需要拍下照片，继而上传到网络，马上就能得到我们想要的结果，简洁高效。

## 2. 智能终端新模式

自然环境中的物体、图片信息，对于视觉搜索引擎来讲，都是将真实的物理世界信息映射为互联网信息的方式，类似于 Google Glass 的智能眼镜等穿戴设备的普及，具有里程碑的意义。它的出现让人们的眼睛多了一个视觉搜索功能，之前人类看到环境，然后通过大脑来对环境做出反应，但现在我们又增加了海量的云端信息，在增加人类知识领域的同时，还使得操作更加自然便利，在这个过程中，终端设备的摄像头便是移动互联网时代的入口。

## 3. 丰富人类认知世界的手段

视觉搜索能帮助我们更好地认识世界，增进我们获取知识的手段。

它能识别现实生活中的更多事物，比如书籍、电影、DVD、植物和动物，等等。另外，在我们所更加清晰认识的世界中，也结识了更多人，此时它已经不再是一个简简单单的搜索引擎了，它还承载了社交的功能。用户利用百度的相似脸识别功能进行自拍，可以结识和自己相像的明星、朋友或附近的人，这使人们之间有了更多的联系，人与人之间进行的分享也从线上顺理成章地发展到线下。

### 4. 人类的隐私性被进一步挑战

"科技越进步，人类越暴露。"技术都是具有双面性的，视觉搜索技术快速发展成熟之后，每个人都将完全暴露于他人视觉搜索终端的设备中，你无法判断对面的人是否在用他的"第三只眼睛"拍摄记录甚至检索你，个人隐私将被进一步泄露。此外，越来越聪明的技术和设备除了泄露人类隐私外，还将对人类的地位产生挑战。

# 第 12 章
Chapter 12

## 非视距成像：能隔墙视物的"相机"

激光雷达是自动驾驶汽车中的关键技术，能够通过测量物体的直接反射来确定它们的距离并形成前方道路的图像。但是激光雷达只能在其视距内对物体成像。为了增加安全性和效率，能够查看角落和障碍物周围的情况也是十分重要的。2018年1月，美国斯坦福大学的研究人员公布了一种有效的方法即利用非视距（Non-line-of-sight Imaging，NLOS）成像技术来做到这一点。在非视距成像技术中，激光被角落或障碍物周围的墙壁反射，散射光返回到检测器，并通过密集型算法重建出三维图像。该研究团队认为，这项非视距成像的技术不仅能够用于自动驾驶技术，还可用于机器人视觉、遥感、国防和医学成像。

## 01 Section 隔墙视物技术是什么

隔墙视物技术，也称为非视距成像技术，是使用了一种称为透视相机拍摄的特殊技术。拍摄时相机会发出高速脉冲激光，激光射向墙面并反射到障碍物后隐藏的物体上，从物体上散射的光经过墙壁再次反弹回来。最终，许多光会回到相机的位置，根据光返回时间的差异，相机能对拍摄空间进行数字化重建，墙后隐藏的人或物体就能够在重建图像中显露出基本的形态。

所谓非视距成像技术，通俗来讲，就是应用一些中间媒介，让人看到你不能直接看到的影像。简单举例来说，潜望镜或者在拐角路口的大镜子可以算是它的简化版。但是和潜望镜等利用镜子的反射原理不同，这种特殊的成像系统利用的是一般的墙、门或者地板等不会被认为有反射或者折射功能的物质作为媒介。

# 第 12 章 非视距成像：能隔墙视物的"相机"

## 1. 计算能力

在非视距成像技术中，激光从角落或障碍物周围的墙壁反弹，以照亮隐藏的物体。物体散射的光通过反向路线返回并被记录下来。然而，与激光雷达相反，在共焦非视距方案中记录的反射光可能采取了无数条路径中的任何一条。这使得如何确定反射来自何处，并重建计算需求的三维图像，对存储器或处理能力方面的要求都很高。另外，返回检测器的散射光通量很低，这意味着即使在黑暗环境下，采集时间也可能很长，并且需要使用高功率激光来克服环境光线产生的干扰。

## 2. 共焦技术

斯坦福大学的团队使用共焦技术，不是对墙上的一对点而是一个点进行照明和成像。其结果是一个光子计数直方图，其中有两个峰值：从激光脉冲直接反射的时间，以及从隐藏物体返回光子壁反射的稍后时间，时间的差异即给出了隐藏物体和墙壁之间的光线传播时间。通过对整个感兴趣区域的密集点进行扫描并进行相同的测量，研究人员为每个扫描点积累了类似的时间数据。这使得研究人员能够开发出一种封闭形式的解决方案，被称为光锥变换。该算法通过对时间轴上的数据进行重采样，并在傅里叶变换域中使用逆滤波器执行三维卷积运算，沿深度维度重新采样卷积数据即可恢复隐藏对象的图像。

根据研究团队的观点，用独立的变换矩阵执行两个重采样步骤，并在傅里叶变换域中执行卷积运算，从而使该算法能够"以计算和内存高效的方式处理大规模数据集"。将它们的方法与现有的反投影型方法重建，研究人员证明了该方法对于内存和处理要求的显著改善，同时他们还在间接的阳光照射下进行了室外实验，发现新共焦技术为反光物体（如道路标志），提供的信号和范围也有了显著增加。

### 3. 商用或军用前景

除了军事和间谍方面的应用外，研究人员表示，该技术在自动驾驶汽车、机器人视觉、医学成像、天文学、太空探索以及搜索救援任务上都具备潜在的应用前景。

自动驾驶汽车已经开始使用直接成像的激光雷达系统，可以想象，它们有一天也可能配备"隐藏相机"来观察角落。

## 02 Section 非视距成像技术的发展历程与现状

2012年，美国计算机视觉科学家安东尼奥·托拉尔巴（Antonio Torralba）在西班牙海岸度假时，注意到酒店房间墙上出现了一些杂散的阴影，它们似乎并不是由任何物体投影形成的。他最终意识到，这些根本不是阴影，而是窗外露台微弱的倒立图像。窗户就像一种最简单的针孔照相机，光线穿过一个小孔，在另一侧形成一个倒立的实像，但在洒满阳光的墙壁上难以察觉，这让托拉尔巴震惊地发现：这个世界充斥着大量我们看不到的视觉信息。

这让托拉尔巴和同属麻省理工学院的比尔·弗里曼教授骤然意识

## 第 12 章　非视距成像：能隔墙视物的"相机"

到，"意外相机"无处不在：窗户、角落、室内植物和其他常见的能创造周围环境微弱图像的物体。这些图像比任何其他可见物暗了 1000 倍，通常肉眼不可见。"我们想出了提取这些图像并使其肉眼可见的方法。"弗里曼解释道。在他们的第一篇论文中，弗里曼和托拉尔巴展示了房间墙壁上光线改变的照片（质量几乎和手机拍出的差不多），可以通过处理来揭露窗外的场景。

2012 年，一项被称为"非视距成像"的研究被拉梅什·拉斯卡尔（Ramesh Raskar）领导的一个麻省理工学院独立小组展开，主要进行深入探讨角落周围和不直接可见信息的推断。

2016 年，凭借部分研究成果的优势，美国国防高级研究计划局（Defense Advanced Research Projects Agency，DARPA）启动了一项耗资 2700 万美元的"揭露计划"（REVEAL program，"Revolutionary Enhancement of Visibility by Exploiting Active Light-fields"，即"通过活跃光场的开发，革命性地提高能见度"），为许多美国新成立的实验室提供资金。

2017 年 10 月，在 Katie Bouman（现供职于哈佛-史密森天体物理中心）等人的研究报告中表明，以建筑物的角落充当相机，可以呈现在拐角处的粗糙图像。就像针孔和针脚一样，边缘和角落也限制了光线的通过。使用传统的采集设备拍摄建筑物角落的"半影"，即阴影区域中被来自角落隐藏区域的一部分光线照亮的区域。比如，如果穿着一件红色衬衫的人走到那里，衬衫就会向半影中投射出少量的红光，当人走路时，这道红光会扫过半影，肉眼看不见，但经过处理后就很清楚了。

2019年，计算机视觉领域顶级会议 CVPR 2019 的论文中，来自合刃科技的一篇关于非视距物体识别技术的论文中提出了非视距物体识别技术，就是利用光的相干性从微弱的反射光信号中获取光场相位信息，结合深度学习的人工智能算法，实现对障碍物后面的物体的实时识别。论文中采用的非成像识别方法，比成像识别具有更好的简易性和鲁棒性，无需昂贵的成像设备，算法中也无需复杂且耗时的图像重构，TOF（Time of Flight）方法一次数据采集和图像重建需要数分钟，但是该论文的方法用时不到一秒。

2019 年 8 月，由美国斯坦福大学研究团队开发的转角相机系统，利用一种基于波的成像模型实现了非视距（NLOS）成像。这款转角相机系统基于该团队之前开发的转角相机，但能够从更多种类的表面捕获更多光线，比以前的版本看得更远，使其更加贴近实际应用。并且它的响应速度足以监控视线外物体的移动。

## 03 Section 应用前景

计算机视觉科学家、麻省理工学院教授比尔·弗里曼团队的研究人员已经开始整合被动成像和主动成像这两种技术，博士后赫里斯托斯·斯拉木普利季斯（Christos Thrampoulidis）的一篇论文表明，在用激光主动成像时，角落附近一个已知形状的"反针孔相机"即可用来重建隐藏的场景，完全不需要光子飞行时间的信息。"我们应该能用普通的 CCD 相机做到这一点。"斯拉木普利季斯说。

## 第 12 章 非视距成像：能隔墙视物的"相机"

有朝一日，非视距成像技术也能用来帮助救援队、消防员和自主机器人。韦尔滕正在与美国航空航天局（NASA）的喷气推进实验室合作，开展一项旨在对月球洞穴内部进行远程成像的项目。与此同时，拉斯卡尔团队已经用他们的方法阅读了一本合上的书的前几页，以及看清浓雾中一小段距离的场景。

弗里曼的放大算法在健康和安全设备上，或者微小天文运动的探测上也可能派上用场。来自纽约大学（New York University）和 Flatiron 研究所（Flatiron Institute，一所由西蒙斯基金会资助的研究机构）的天文学家和数据科学家大卫·霍格（David Hogg）说，这种算法"是一个非常好的想法，我认为我们一定要在天文学中应用它。"

当被问及这些发现可能带来的隐私顾虑时，弗里曼反思道："这是我整个职业生涯中都在不断考虑的问题。"弗里曼从小就喜爱研究摄影，在开启自己的职业生涯时，他并不想从事任何可能涉及军事或间谍应用的工作。

但随着时间的推移，他开始认为，技术是一种可以以多种方式利用的工具。如果你极力避免任何可能有军事用途的技术，那么你将做不出任何有用的东西，即使在军事应用情况下，这项技术被应用的范围也非常广，可能会帮助某人免于攻击者的杀害。总的来说，能够找到隐藏物体的位置总是件好事。

# 第 13 章
Chapter 13

# 自适应安全架构

# 第 13 章 自适应安全架构

大数据时代，安全数据也逐渐趋向大数据化。面对千变万化、持续广泛的安全威胁，传统安全架构以及安全分析已经陷入非常被动的局面，暴露出易受攻击、恢复弹性低、低移动性、高消耗等问题。应对发展挑战，重新审视安全防护，人们认识到信息安全正在变成一个大数据分析问题，化被动防御为主动预防，自内而外地构建新的防护体制，以情报为驱动，对内容、基础设施开展立体式的防护，才能重塑网络安全。

## 01 Section 什么是自适应安全架构

自适应安全架构是一种基于内容智能感知的一套全面保护架构，其将防御、检测、响应和预测组成闭环控制（图 13-1），多维度多层次地对网络报文流、操作系统活动、内容、用户行为等所有应用层服务进行闭环控制。

传统安全架构是一种基于策略的边界防护机制，已发展部署 40 年有余，其主要通过架设防火墙（FW）、入侵检测系统（IDS）、入侵预防系统（IPS）、虚拟专用网（VPN）来集中拦截和防御。然而，高级定向攻击总能轻而易举地绕过这些防御，加之网络攻击越来越持续、频繁，采用传统安全架构的企业级网络在检测和反应能力上显得越来越不适用，"停摆"时间变长，损失增大。

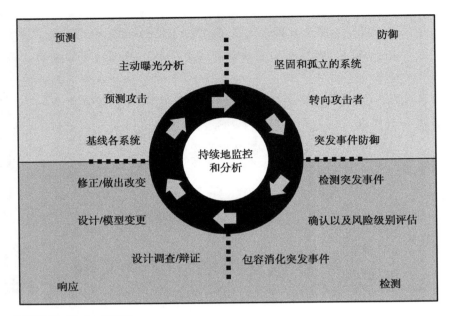

(资料来源：Gartner 2015)

图 13-1　自适应安全架构的闭环控制模型

日趋严峻的网络安全问题引起人们高度的重视，相关企业、研究机构经过几年的研究探索共同认识到：传统安全架构过度依赖阻截和防御机制，无法适应未来网络架构的迅速变化以及随之而来的攻击。因此提出，未来网络安全应基于业务自内而外地构建安全体系，企业级网络的核心功能应是对业务行为进行识别分析和持续监控。由此，自适应安全架构应运而生。

发展自适应安全架构是一种安全理念上的根本切换。首先，其强调从"应急响应"转到"持续响应"，认为攻击是不间断的，黑客渗透系统和企图获取信息的努力是不可能被完全拦截的。系统应承认自己时刻处

# 第13章 自适应安全架构

于被攻击中,并持续检测、完成修复。其次,在实现上不应再沉迷于阻断,而应更多关注检测、响应和预测能力。来自不同供应商的网络、终端和应用安全防护平台应当通过对知识的集成以建立情境感知,提供预测、防御、检测和响应等能力。再次,安全监控和策略执行应当直接运作在每个业务单元而不依赖于基础设施或硬件,赋予企业级网络更细粒度和更丰富的持续监控能力和行为分析能力,可以真正做到对多形态攻击甚至高级攻击的快速响应及恢复,同时对任何基础设施和业务的变化具备自适应能力。最后,如图13-2所示,建设基于以情报为驱动的大数据安全运营中心(SOC),将其作为中心节点全面地支持持续检测,形成全要素融合的安全分析与防护平台。

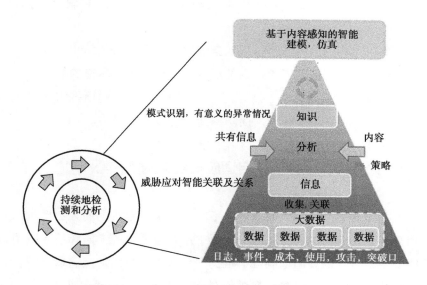

图13-2 以情报为驱动的大数据安全运营中心

(资料来源:Garter 2012)

## 02 自适应安全架构可以做什么

自适应安全架构可以集防御、检测、响应、预测四项关键能力于一身，通过大数据安全分析来实现闭环防护控制，既继承了传统防御体系基于策略的拦截与阻击，又能发现那些逃过防御的攻击，高效调查和补救威胁事务，分析入侵来源，并生成预防手段。此外，通过大数据分析和机器学习技术，可以让系统从黑客行为的监控过程中主动学习，主动锁定对现有系统和信息具有威胁的新型攻击，定位漏洞并排出优先级。

作为一个高价值的体系框架，自适应安全架构将帮助企业或机构获得安全建设方面的战略能力，评估出网络安全建设最急需的能力及所需投入，可以避免被"大佬"公司或者"明星"创业公司所提供的整体方案笼而统之，规避了反复投入而防护能力还单薄的风险。

### 1. 大数据安全分析是自适应安全架构的核心

大数据安全分析和大数据安全不同，它是安全数据的大数据化，主要用来分析安全问题。将大数据分析中所有普适性的方法和技术应用到网络安全领域，需要因地制宜，根据安全数据自身的特点选取模型，选择适用的分析技术。例如，在进行异常行为分析、恶意代码分析、APT攻击分析的时候，首先是考虑分析模型如何选取，其次才是考虑用并行计算、实时计算、分布式计算或其他计算方法来实现模型。Gartner在2012年的分析报告中就指出，信息安全问题正在变成一个大数据分析问题，大规模的安全数据需要被有效地关联、分析和挖掘。

## 2. 安全信息与事件管理

安全信息与事件管理（Security Information and Event Management，SIEM）平台是大数据安全分析的核心应用，也有人称为安全分析平台（Security Analytics Platform，SAP）。该平台系统将企业和组织中所有 IT 资源（包括网络、系统和应用）产生的安全信息（包括日志、告警等）进行统一的实时监控、历史分析，对来自外部的入侵和内部的违规、误操作行为进行监控、审计分析、调查取证、出具各种报表报告，实现 IT 资源合规性管理的目标，提升安全运营、威胁管理和应急响应能力。图 13-3 是 SIEM 的层次结构。

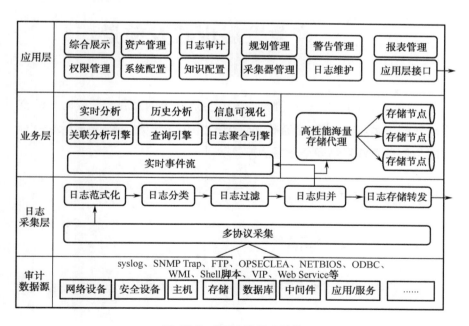

图 13-3 SIEM 的层次结构

除 SIEM 之外，大数据安全分析还包括以下几个方面：

- 高级持续性威胁攻击（APT）检测技术；
- 0day 恶意代码分析；
- 网络取证分析；
- 网络异常流量检测；
- 大规模用户行为分析；
- 安全情报分析；
- 信誉服务；
- 代码安全分析。

## 03 Section 产业发展现状及前景

自适应安全架构的核心部分 SIEM 经历几年的发展，已成为一种趋于成熟的技术。自适应安全架构被认为是 2016 年十大战略性技术之一[1]，将成为信息领域网络安全发展的新趋势。

### 1. 应用领域

（1）国家网络空间安全保护

国家网络空间安全保护系统（NCPS），又称"爱因斯坦计划"，由美国

---

[1] 来自 Gartner 公司 2016 年战略性技术趋势分析报告。

国家安全部负责设计和运行，旨在开发一套协助联邦政府机构应对信息安全威胁的工具集。该系统为联邦政府机构提供四种网络相关服务的能力，包括入侵检测、入侵防御、证析和信息共享。其中，证析是指通过对数据进行收集、预处理和分析后对得到的知识进行综合；信息共享则指交换网络威胁和事件信息的过程中所有情报知识在企业网络中共享。这样看来，该系统与自适应安全架构提出的四大能力（检测、防御、响应、预测）是一致的。

该系统已在除美国国防部及其相关部门之外的其余 23 个机构中部署运行，当前部署的已是第三代爱因斯坦系统，兼顾入侵检测和入侵防御功能，可自动识别和阻断。

（2）安全即服务的新模式

自适应安全架构极大地拓展了传统安全架构的体系和方法论，重塑了安全管理平台，可以推动高级威胁检测、欺诈检测、网络威胁情报分析与协作，催生其他各类安全产品。

在业务模式上，催生了安全即服务（SECaaS）的发展。通过整合大数据安全分析与大数据业务分析，安全数据会成为与业务数据相互伴随的成分，需要安全团队与业务技术部门在交互与协作、开发、运维方面开展新的融合。此外，催生了更多安全管理咨询产业，为企业机构量身分析定制新架构下的实施方案。

## 2. 相关产品及公司规模

（1）自适应化安全平台类产品

【案例 1】illumio 公司的自适应安全平台（ASP）

**背景**

illumio 公司成立于 2014 年，在短短的两年内获得近 1.5 亿美元的融资。注册资本 142.5 百万美元，A 轮融资 800 万美元（Andreesen Horowitz 公司），B 轮融资 3450 万美元（General Catalyst 公司），C 轮融资 1 亿美元（Accel Partners、Formation 8 和 Blackrock 公司）。其董事会成员包括 Rubin 和 Cohen、General Catalyst Partners 的 Steve Herrod，Andreesen Horowitz 的 John Jack，Formation 8 的 Joe Lonsdale，Symantec 公司前 CEO John Thompson，其投资者还包括微软董事长 John W.Thompson、Salesforce 公司 CEO Marc Benioff、Yahoo 创始人杨致远、Box 公司 CEO Aaron Levie 和硅谷四家顶尖 VC[1]以及全球最大上市投资管理集团 BlackRock 和五大 VC 之一——Accel Parners。

illumio 是全球第一个将自适应安全平台产品化的公司，其产品回答了"云迁移时代企业如何革命性地解决其动态数据中心和云服务上的安全问题"这一重要命题。illumio ASP 的核心功能是减少数据中心和云环境可能遭受的赛博威胁，利用自适应的分块和加密算法让应用之间的信息交流透明可见，这种自适应性不受限于网络结构或者更高的监督管理者。图 13-4 是 illumio 设计的自适应安全平台工作流程。

**产品**

ASP 的主要特点就是它独立于基础设施架构以及应用之间的工作流

---

[1] VC，风险投资公司，这四家 VC 分别是 Andreesen Horowitz、Formation 8（合伙人 Joe Lonsdale）、Data Collective（投资了数家商业分析初创公司，合伙人 Matthew Ocko）、General Catalyst（合伙人前 VMware CTO Steve Herrod）。

# 第 13 章 自适应安全架构

连接关系,可以持续地在虚拟和物理计算环境中工作。ASP 的核心服务能力:一是监测和抽象化;二是强制执行(工作流策略的分发和监测);三是保障安全连接(所有工作流元素之间的连接都是加密的)。各个用户交换中心在一个互通的环境中,可以下发监测结果,作用到主机、信息流以及处理过程修改策略。ASP 的应用场景包括在重要的应用、数据、应用边界建立高可控、可见的防护,巩固加强数据中心,分隔不同的功能环境,在一个较长期的保护策略之下管理复杂的基础设施,以及基于认证策略控制整个域的出入访问。

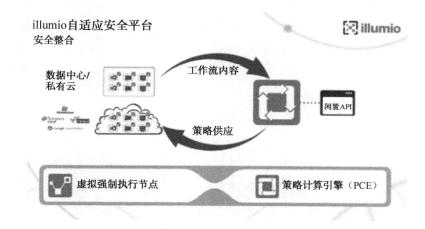

(资料来源:illumio 公司)

图 13-4　illumio 设计的自适应安全平台工作流程

ASP 关注于工作流处理的自动化,其认为这样可以大大地帮助应用之间持续的交流和分发,其需要整合多种计算能力才能使之开发友好并容易与用户协同的系统。这种自适应性同时体现在用户自定义的特殊需求可以较简单地得到满足,比如建立 PCI 兼容的基础设施,数据孤立保护区,或者长期持续的监测。ASP 跳出了安全解决方案长期的思维框架,不需要改变网络自身,而是通过系统本身去适应它。

illumio 平台的发展目标是:减少现有手工操作 90%的复杂度和工作量,减少受攻击作用面,提高信息流的可见度,让整体控制更智能。这些 illumio 平台都做到了,并且报告还显示用户通过该平台对数据进行了更好的挖掘,获取到了更有用的价值。

illumio 公司已宣布下一步开发一种新型的咨询风险诊断工具"攻击作用面设备项目"(Attack Surface Assessment Program,ASAP),主要功能包括在用户自有的环境中解决 ASP 的问题,展示更多的营销工具等。

技术

ASP 由分布式系统组成,其中每个控制器称为策略计算引擎(PCE),每一个客户 OS/工作流级别的代理服务器称为虚拟执行节点(VEN)。对于专有 IP,PCE 分析分布式工作流之间的文本信息,快速生成一个适应性高的大规模策略模型。VEN 代理通过系统属性、连接关系和相互依赖性持续地对工作流分析,并联系上下文进行简要描述,获取系统状态。通过 PCE 联立 VEN,可实现对工作流数据的挖掘,系统级的感知和监视,并可以通过业务规则去计算优化工作流策略。

illumio 公司的客户包括摩根士丹利(Morgan Stanley)Plantronics,Salesforce、NetSuite、King Digital Entertainment 和 Creative Artists Agency。其卖出产品的 90%主要部署在这些公司的业务数据中心作为前期采购,后期将逐渐扩充到更高级的复杂系统,开展复杂虚拟数据中心的全面实施。illumio 公司之 SWOT 分析见表 13-1。

表 13-1 illumio 公司之 SWOT 分析

| 优势（Strength，S） | 劣势（Weakness，W） |
| --- | --- |
| 通过白名单控制层对物理和虚拟企业级数据中心进行管控，着重对动态工作流实施安全管控，提高其可见性和层级清晰度 | 该平台主要是在公共和较复杂的云工作流中对内容采取高级和动态策略进行管控，对大量已部署的、具备很多功能的传统数据中心并没有非常明显的优势 |
| 机会（Opportunity，O） | 威胁（Threaten，T） |
| illumio ASP 平台的核心是授权和分层级的策略管控，现在主要针对分布式虚拟防火墙，未来可指向更广阔的 IT 设施和业务使用案例 | illumio 是一个小型初创的安全解决方案提供厂家，随着市场上 VMware（虚拟机厂家）、思科等广为人知的厂家推出成熟的、面向家用或者面向公众的服务，承受着很大的竞争压力。我们能做的是不断致力于让用户直接体验我们的产品和服务，只有让用户亲眼看到我们可以不断超前为他们的安全考虑，提供周到的防护方案，我们才能向前进步 |

【案例 2】 FireEye 公司

FireEye 公司成立于 2004 年，在 2015 年成为业界明星公司，擅长应对高级持续性危胁（Advanced Persistent Threat，APT）攻击的防护。其产品和服务体系包括 APT 检测和防护产品、威胁情报和安全服务（图 13-5）。拳头产品为威胁分析平台（Threat Analytics Platform，TAP），是基于云的处理引擎，主要功能是负责完成数据关联、分析和威胁识别等。

（2）SIEM 产品

SIEM 作为发展已较为成熟的技术产品，在各大安全公司都占据重要地位，并有覆盖完整子系统的分析产品，均在与大数据技术进行整合。

2015 年的市场总规模达 30 亿美元，2014 年市场总规模为 16.9 亿美元，比 2013 年的 15 亿美元增长了 12.4%，2016 年为 60 亿美元，未来增长趋势迅猛。

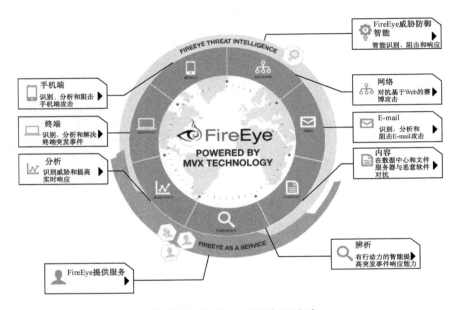

图 13-5　FireEye 公司产品系列

图 13-6 是 Gartner 公司制作的 2014 年和 2015 年自适应安全架构市场分析的魔力象限图[1]。从中我们可以看到：IBM（收购 Q1 Lab）作为

---

[1]　魔力象限（Magic Quadrant）是 Gartner 公司依据标准对市场内的厂商在市场影响力方面所进行的分析。魔力象限的四个象限依次为领导厂商、竞争厂商、富有远见的厂商和利基厂商（Niche Players）。Gartner 公司认为，所谓领导厂商，其提供的产品应包含额外的功能，且能提高市场对这些功能的重要性的认识，从而显示出对市场的影响能力。Gartner 希望一个领导厂商能够不断提高其市场份额、甚至占领整个市场，并且它所提供的解决方案能够引起越来越多企业的共鸣。所谓领导厂商还必须有能力在全球范围内开展销售并提供支持。Gartner 公司并不对在魔力象限中描述的任何厂商、产品或服务出具官方认可，也不建议技术用户只选择那些位于"领导厂商"象限里的厂商。魔力象限仅用作一种研究工具，并不对行动方案做具体指导，也不承担任何明示或默示的担保。

第13章 自适应安全架构

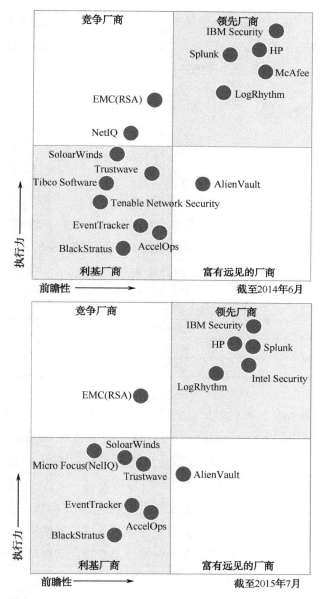

(资料来源：Gartner 2015)

图 13-6 自适应安全架构市场分析的魔力象限图

市场领导者，其市场影响力稳居第一，Splunk 异军突起成为第二，其市场影响力也略强于第三名 HP（收购 Arcsight 公司），McAfee（被 Intel security 收购）不进反而退居第四。

### 3. 未来趋势

（1）全球情况预测

伴随全球云计算产业规模的迅速扩张，自适应安全机构作为云安全的极佳安全保护方案，其增长势头乐观。IDC[1]2015 年的分析报告认为未来信息安全市场的增长热点领域及预计增幅见表 13-2。

表 13-2　未来信息安全市场预测

| 序　号 | 领　域 | 预计增幅 |
| --- | --- | --- |
| 1 | 安全分析/安全信息和事件管理（SIEM） | 10% |
| 2 | 威胁情报 | 10% |
| 3 | 移动安全 | 18% |
| 4 | 云安全 | 50% |

根据 Gartner 的分析数据，在增速上，2017、2018、2019 年全球网络安全产业规模的增速分别为 7.9%、11.3%、9.11%，2020 年受到全球疫情影响，增速下降约 2.75%，市场产值为 1730 亿美元。根据 Canalys、Statistica 的报告分析，随着全球经济缓慢复苏，2021 年预计增速为 6.6%～10.4%，2023 年增长到 2482.6 亿美元，2026 年增长至 2700 亿美元，复合年增长率达到 10.4%。其中，内部或内部网络安全功能上的支出预计每年将增长 7.2%，而同期外部网络安全产品和服务的全球支出预

---

[1] IDC：全球著名的信息技术、电信行业和消费科技市场咨询、顾问和活动服务专业提供商。

计每年将增长 8.4%。[1]

（2）国外情况

**美国**

新兴网络犯罪浪潮因趋利向庞大网络逼近，物联网、金融服务、国家网络安全都是其非常可观的细分市场。

从全球范围内看，以美国、加拿大为主的北美市场占据规模达到 581.75 亿美元，较 2018 年增长 11.87%，占全球比重 46.76%，是全球最大的网络安全产业区域。根据 Statistica 的报告分析，到 2023 年，美国网络安全市场的复核增长率为 10.2%。

"2014 年是攻防惨烈的一年，是安全界的噩梦，防护厂商的滑铁卢，而评测恶势力的存在，让传统安全防护产品难以转型。"

——FireEye 副总裁卜峥

2015 年，摩根大通、美国银行、花旗集团和富国银行，这四大金融机构每年用于网络安全的支出达 15 亿美元。2020 年，其各自用于网络安全的预算约占其金融支出的 14%。

**以色列**

以色列将成为仅次于美国的第二大网络安全产品出口国。报告显示，

---

[1] 资料来源：澳大利亚网络安全报告第 1 章：2020 年全球网络安全前景。

以色列国内公司 2015 年出口的网络安全产品及相关服务市场规模达到约 60 亿美元，超过了 2014 年以色列国防合同签约总额，预计未来还将有 18%的增长。

**印度**

印度网络安全经济规模偏小，但非常注重网络安全市场发展。印度《经济时报》援引普华永道的数据称，2015 年印度网络安全市场规模从 2014 年大约 5 亿美元增长到 10 亿美元，增幅度高达 100%。

（3）国内情况

2015—2019 年市场规模增速始终保持在 17%以上，2019 年达到 523.09 亿元，同比增长 25.37%。预计 2023 年年底，中国网络安全市场规模将突破千亿元，年复合增长率约为 16.4%[1]。作为网络大国，我国在网络安全方面的潜在市场规模非常巨大，但同时要看到新冠疫情给全球各国带来的冲击，根据 IDC 的报告，2020 年上半年中国网络安全服务市场厂商整体收入比去年同期下降 27.7%。

---

[1] 中国网络空间安全协会《2020 年中国网络安全产业统计报告》。

# 第 14 章
Chapter 14

## 能源互联网：开启最新一次工业革命

根据一般的经济学知识，人们总是想当然地认为基础设施是充当经济活动基础的静态模块。然而从更深层面上来看，这种看法是错误的。基础设施实际上是通信技术和能源的有机结合，用以开创一种具有活力的经济体系。在这一体系中，通信技术充当中枢神经系统，对经济有机体进行监管、协调和处理；与此同时，能源起到血液的作用，为将自然的馈赠转化为商品和服务这一过程提供养料，从而维持经济的持续运行和繁荣。因此，基础设施就像是一种生命系统，把越来越多的人纳入更为复杂的经济社会中。

——［美］杰里米·里夫金（Jeremy Rifkin）

人类历史上每一次工业革命，其产品归结而言是形成了水、气、热、电、交通等新的基础设施，并构建成为复杂系统。传统基础设施重视集中统一，电网就是这种理念的典型产物。近30年中，随着人们形成集中统一的发展理念并加入对需求端的重视，催生了大数据、云计算等新技术，将世界从物理端转移至虚拟端。而随着化石燃料的逐渐枯竭及带来的环境污染问题日趋严峻，以化石燃料为能源驱动的工业革命的模式正逐步走向终结。能源互联网作为一种新型能源利用体系，以新能源技术和信息技术的深入结合为突出特征，将为世界带来从虚拟到物理逆向转变的实现途径，形成虚拟和物理实体相互的映射和控制。在这个由能源驱动的世界，这样的转变将给人类社会经济发展模式与生活方式带来怎样的深远影响？学界、工业界、商界争相关注，竞争激烈，但他们都有一个统一的共识——能源互联网是开启最新一次工业革命的核心技术。

# 第14章 能源互联网：开启最新一次工业革命

## 01 Section 什么是能源互联网

（1）概念及提出背景

能源互联网以互联网技术为核心，以能源配送网为基础，以大规模可再生能源和分布式能源为主要接入，实现信息技术与能源基础设施融合，通过能源管理系统对接入能源基础设施实施广域优化协调控制，从而实现冷、热、气、水、电等多种能源优化互补，提高能源使用效率。能源互联网这样的新型能源体系赋予能源以信息一样的属性，在网络中可以自由地接入、分享和调度分配。之所以在形式多种多样的能源中优先选择考虑电网的互联问题，是因为电网与互联网在基本条件上有高度的相似，一是在架构上基础设施网络化程度高；二是其对人类生活的影响深刻，其市场规模和投资空间很大。特别是近年来环境问题和化石能源使用的成本问题，非化石能源的转化利用方式（主要是电能）受到空前的重视。随着技术进步，在能源消费端，智慧城市、电动汽车、"互联网+"等技术发展势头迅猛，电能作为主力能源的地位日益巩固、独占鳌头。因此，能源互联网在某种意义上也就成为了电力互联互通和信息技术融合的代名词。

能源互联网集通信、网络、控制特征于一身。通过赋予能量以信息的属性，让能量交换如信息通信般迅捷高效；让能量在网络中形成平等自由流动、自我调节机制；让能量的控制精准化。从技术、系统、设施的角度看，则是"信息基础能源基础"设施的一体化。图14-1为美国赛博物理系统（CPS）能源互联网全景图。

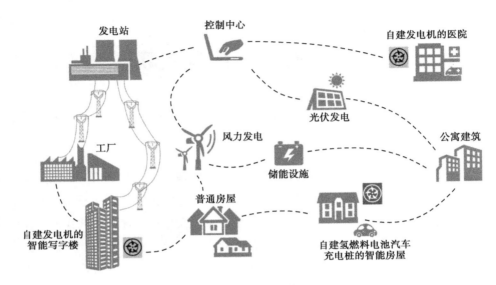

图 14-1　美国赛博物理系统（CPS）能源互联网

发达国家提出了很多含义隽永的创新概念或者"概念伞"[1]，并用其凝聚全社会各方面力量，共同参与全球性竞争。可以看出，每一个创新的"概念伞"都具备经得起推敲、经得起拓延、能让更多人受益的特点。能源互联网的概念也遵循着这样的规律，最初由美国于 2008 年提出，旨在通过智能分析和电力电子技术，对分布式能源系统实现更高效的控制交互。当这个概念进入全球各大电力市场之后，赢得了更多产业关注和技术融合，中国作为能源大国，在该概念的定义、架构、组成和主要

---

[1] 用高度概括和抽象的词汇表达某些宏观概念，它们代表将表面分立的活动或者业务连接成密不可分的整体的共同特征。例如，夏普公司创造的"optoelectronics"（光电子），马自达创造的"rotary engine"（转子发动机）。

## 第14章 能源互联网：开启最新一次工业革命

功能上进行了更深、更广的扩充和深化。

立足于国内能源市场环境，研究领域形成了三点现实认识，一是目前经济和环保的双重压力使得新能源的发展势不可当。二是新能源技术的发展已经到了一个拐点，需要颠覆性模式助推其正增长发展。三是电力的市场化带动能源的市场化，互联网与能源密不可分的关系已然成为现实。认真分析电力系统所面对的挑战，主要体现在可再生能源的快速发展对传统能源体系造成的强大冲击，电网电力资产损失巨大、维护高昂，电力峰谷矛盾突出，可靠性、节能环保要求不断提高等。此外，中国电改"放开两头、管住中间，大力支持分布式发展"的政策千呼万唤始出来，为我国能源互联网发展释放出的最大制度红利，使得能源产业界、IT界对能源互联网的关注热度空前高涨。

2021年1月27日，中国国家电网有限公司董事长辛保安以视频方式出席世界经济论坛"达沃斯议程"对话会时宣称，未来5年，中国国家电网公司将年均投入超过700亿美元，推动电网向能源互联网升级，促进能源清洁低碳转型，助力实现"碳达峰、碳中和"目标。

（2）国外情况

能源互联网这一概念与智能电网概念在发达国家齐头并进。两者的主要区别在于，智能电网是现有电网架构下的信息化、智能化，属于第三代电网；而能源互联网是借鉴互联网理念构架的以电力为中心的多能源结构网，具备开放互联、能量交换与路由、关注商业模式和用户服务四大特征，属于新一代能源系统，其中"互联"是最重要的关键词。

### 美国

美国于 2008 年提出能源互联网的概念，由美国国家科学基金会（NSF）资助，成立了未来可再生能源传输与管理系统中心（FREEDM），位于北卡州立大学，该中心旨在推进电力系统与电力电子技术、信息技术的深度融合，重点利用功率电子技术来解决分布式可再生能源的接入问题，实现分布对等的系统控制与交互，通过云计算和大数据的智能分析，在未来配电网层面实践能源互联网的设想。美国在软件技术、互联网和大数据技术方面无论是技术还是人才都有雄厚基础，且占据全球优势地位，加之政府所营造的自由优越的创新环境，极客和创客积极参与，美国在新能源上已悄然进入了新硬件时代。

### 欧洲

欧洲的能源互联网的代表项目是 E-Energy，其设想是加强信息通信技术（ICT）的融合，建立一个具备深度感知、自调节功能的智能化的未来能源系统。该项目的主要实践国为德国，其于 2008 年在智能电网的基础上选择了 6 个试点地区，开展为期 4 年的 E-Energy 技术创新激励计划。

### 日本

日本的能源互联网代表项目由日本数字电网联盟提出，其主旨是通过"电力路由器"的设置，使得电能可根据网内情况自动选择输电、配电的最佳路径，从而形成分布式电能发电、输电、配电、用电"发输配用"电的全局优化调度控制。

第 14 章 能源互联网：开启最新一次工业革命

## 02 Section 能源互联网的实施及特点

根据信息技术和能源技术融合的深度，国内研究将能源互联网的发展分为三个阶段：智能电网 2.0、能源广域网、能源互联网。业界普遍认识到在大电网为主干网的发展大背景下，分布式能源将日益重要，微网、中小型分布式网络之间及其内部的能量消纳、储能、汇聚和分享都将逐渐成为未来网络的关键问题。目前，美国的 FREEDM、Stem；德国的 E-Energy、Green Packet；澳大利亚的 Powershop；国内的远景能源、华为、国电南瑞等都已经在智能电网 2.0 和能源广域网两个阶段的发展开展探索。

宏观层面，能源互联网的实施需要构建一个让能源能够最低成本的、没有条块分割可充分互动的能源流网络和市场，这需要政府解决资源调控和体制壁垒问题。

微观层面，其实施需要构建一个能源信息能够充分流通的一套标准或者信息体系，这需要领域内相关的科研机构、高校以及产业界携手共同研究。

关于能源互联网的特点，可以用五个词概括：可再生（可再生能源）、分布式（分散、就地处理）、互联性（互联、双向交换）、开放性（即插即用、广泛接入）、智能化（智能处理）。

## 03 能源互联网是产业升级还是一场人类能源利用方式的革命

未来电网体系将向市场向导、服务化、分布式与集中相结合、动态、开放这几个特征发展,能源消费终端将越来越多元与智能,自然垄断环节规模将大幅缩减,竞争环境将日趋充分透明。

能源互联网作为一种新技术将催生出新的经济形态,其改造的逻辑是互联网思维占主导的能源革命,还是电网思维占主导的产业升级?

(1)电网思维

《中共中央国务院关于进一步深化电力体制改革的若干意见》(中发〔2015〕9号)文件中明确指出,此轮电改的根本目标是管住自然垄断的输配电环节。正是因为长久以来一涉及能源利用就是习惯性用垄断思维的旧习,参与者依旧是能源寡头,所设计的发展规划或者项目设想无论多庞大、多宏观都沿用着第二次工业革命规模效应与科学分工的逻辑,如果继续用电网思维来发展能源互联网,只不过是在物理层面的升级,很难对人类发展模式、经济生产模式产生革命性的再造。

第 14 章 能源互联网：开启最新一次工业革命

（2）互联网思维

互联网思维倡导的是个体的自由参与，通过在开放平台生产和消费内容，打破信息不均衡的体系生态。用互联网思维来考虑能源体系的发展，本质上说是一条能源发展的"群众路线"，这样的思维逻辑显然与以往区别明显。在现有的技术条件和产业发展趋势下，不仅可再生能源，连核能都欲朝分布式、小型化发展，典型的互联网企业如谷歌、IBM 等都在积极介入试图在资本雄厚的能源市场分一杯羹。不仅仅是因为能源体系网络化程度较高，更是看到了清洁能源与互联网终端在抽象层面上有着极高的相似性，大数据和云计算等功能对清洁能源微网的混沌和潮涌不稳定性等问题正是非常有效的解决方案。归结而言，能源革命需要大众思维和开放机制，才有可能颠覆寡头垄断格局，产生一股全面且富有推动力的改革源泉，为经济发展和人类生产方式带来新动力，同时为生态环境治理赋予新契机，这对人类的可持续发展无疑是一项双赢的强力方案。

## 04 Section 能源互联网的发展优势

能源互联网的企业竞争情境可以分为三种：一是硬件进化；二是软件革命，两者主要是 IT 企业和能源企业深入融合；三是互联网竞争，主要是融入互联网商业模式，深化用户参与。纵观每种竞争情境，国内发展能源互联网都具备显著的优势。

（1）优势一：产业链完整

在电网"发输配用"全链条生产中，每个环节的智能化发展都有许多走在国际前列的重点公司，例如，国家电网南瑞公司、远景能源、华为、金智公司，等等，详细如图14-2所示。

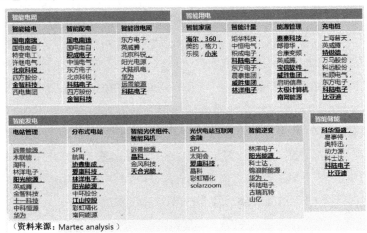

（资料来源：Martec analysis）

图14-2 国内能源互联网产业链企业

尤其是在能源管理平台、微网管理方案方面，国际市场份额占比较高。国内远景能源的云管理平台可实现全生命周期新能源资产管控，在全球管理着超过20GW的新能源资产，其智慧风场Wind OSTM平台和"阿波罗"光伏OSTM平台已成为全球新能源行业的操作系统。华为的微网管理方案可提供多种供电系统的KPI统计数据，实时调控供电均衡和设备运行状态。协鑫的微网管理方案采用六位一体能源集中管理和交易平台，可实现零煤耗发电、减少80%污染物排放和40%能源消耗以及降低40%能源投资。

（2）优势二：改革红利

电力体制改革为能源互联网释放了巨大商机。一方面，新电改方案为微电网发展释放了巨大红利，分布式新能源的接入不再局限于单个用户，储能、新能源汽车充电可以在全网范围内调配售出。另一方面，未来电力系统的售电侧将形成市场化售电机制。售电、用电、发电用户能以 B2B、O2O 以及更多模式运营，用户负荷曲线将得到自主协调，能源利用效率会大幅提高。

（3）优势三：商业模式

互联网商业模式如火如荼，随着互联网巨头的强势介入，能源互联网会涌现出非常多元或具颠覆性的商业模式。鉴于能源产业链条长、环节多，从设备到一次能源生产再到二次能源生产再经过配电售电最终到消费，每个产业环节都沉淀了大量资金。试想各关键环节都在适当的程度融合互联网技术和商业模式，在售电方案、能源交易、资产配置等方面将会是多么不可估量的变化。

## 05 Section 发展前景

未来，随着国家正在制订相应的行动计划，在国家层面从顶层设计能源互联的标准、机制、监管体制正在进行中。更重要的是营造开放的竞争环境，从技术、应用、商业模式、体制机制等多个层面鼓励开放式的竞争与合作，努力促进开源技术，建立开放标准，发展开放平台，形成开放生态，自底向上发展。

能源互联网在多方面有着高价值的应用前景。

### 1. 大数据应用场景（图14-3）

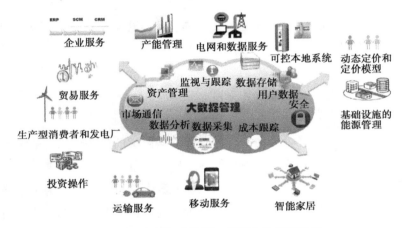

图14-3　大数据在能源互联网中的应用场景

能源的全域互联网化将产生巨量数据，而且数据既有独立性又有相关性。用数据挖掘提升负荷预测能力，用机器学习、模式识别把握新能源输出功率与关联因素的关系从而提升新能源调度管理能力，用聚类模型实现用户行为分析，从用户习惯数据分析结果出发提供效能建议，完成定价，这些功能都将对电力系统从规划、运行、检修、营销到用电的各个方面带来不可估量的变革。

## 2. 能源互联网同其他系统的融合（图14-4）

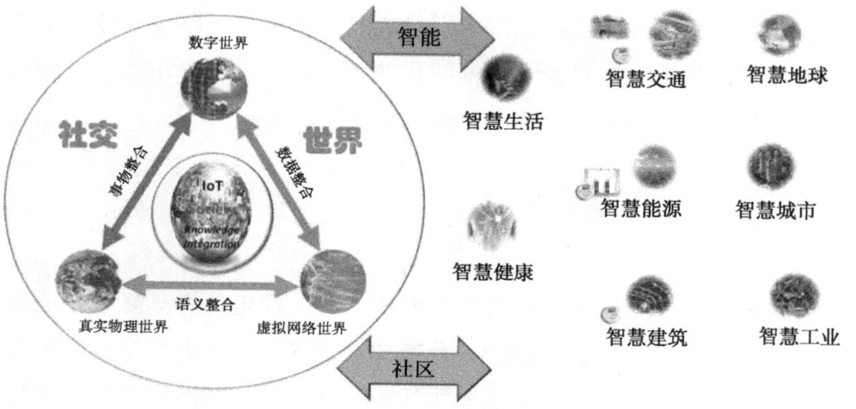

图14-4　能源互联网同其他系统的融合

随着"互联网+"风生水起，"互联网+"能源的火种从传统能源企业到互联网企业形成了一片燎原之势。两大电网[1]和五大电力集团[2]与BAT（百度、阿里巴巴与腾讯）在新能源市场的竞争精彩纷呈。虽然目前就市值和产值而言能源寡头们比BAT庞大太多，但互联网企业们白手起家的成长经验以及市场灵敏度，已经为能源寡头们上了重要的一课。除智能手机外，智能建筑、智能交通将成为能源互联网最重要的终端资源。

---

[1] 国家电网与南方电网。

[2] 中国华能、中国大唐、中国华电、中国国电、中国电力投资集团公司。

（1）能源互联网+工业互联网

工业互联网时代的智能工厂将同供应商、分销商、服务伙伴及消费者无缝互联，利用分布式能源、精细化按需供能来实现分布式生产和按需定制化生产，形成一个能够共同进化的生态系统。

（2）能源互联网+交通互联网

利用大数据在交通规划和管理中发挥作用，让电动汽车能源管理系统同车辆控制和管理系统相结合，分布式能源同电动充电网络进行融合优化，电动汽车可作为移动储能单元积极参与能源互联网中的需求侧管理和服务。

（3）能源互联网+楼宇互联网/智能家居互联网

楼宇互联网既有分布式光伏、地源热泵、BIPV 这样的能源生产单元，又有需要能效、安全和服务的消费单元，通过与能源互联网的深度融合，可以让楼宇成为能源生产基地和智能用能终端，实现环保而高效的能源局域网。在楼宇内部，家庭能源管理 HEMS 系统是能源互联网中的基本单元，包括太阳能、EV 电动车、各种家电这些消耗端以及与微网之间协调平衡的调控机制。将大数据分析应用至家用电器深度控制、用电习惯、楼宇或社区平衡，是自下而上发展能源互联网的开始。

正是能源互联网广阔的市场前景，吸引了能源企业之外众多 IT 企业关注的目光。如何在切中人类经济发展最要紧命脉的基础上掀起一场新革命，需要我们密切关注。

# 第 15 章
Chapter 15

## 无线输电：一项让距离消失的技术

信息技术不断跃升，让各类智能设备承担的功能越来越多，随时充电也就成了一个无法逾越的问题。其实早在100多年前，人们就已设想像现在我们连接 Wi-Fi 信号一样来搜索电源信号，然后隔空任意取电。一直以来这方面的努力从没有停止过，但是现在这种隔空取电的设想也许就要成为现实。2016年4月，特斯拉宣布旗下 Model S 后轮驱动版车型将实现无线充电。2021年1月29日，雷军在个人公众号发文宣布，小米正式发布隔空充电技术，并率先在小米11上实现。日本诺贝尔物理学奖获得者、名古屋大学教授天野浩在介绍其研制的微波无线供电技术时表示，希望在2022年前，无线供电技术可以做到对飞行中的无人机充入10瓦规模电量的目标。

## 01 Section 无线输电技术的发展历程

### 1. 无线输电概念的提出

无线输电技术是由历史上最伟大的科学家之一尼古拉·特斯拉（Nikola Tesla）提出的一种利用无线电技术传输电能的技术。他在1905年发表的文章中写道：在人类的所有征服活动以及建立世界和平秩序过程中最想要的、最有用的是距离的完全消失。这是他矢志一生所追求的目标。而实现这一目标的三个关键技术：信息传播、交通运输和电力传输，特斯拉均做出了非凡的成就。他不仅是交流电的发明者，而且在电磁学和工程学也成就突出，另外，在人工智能、核子物理和理论物理等领域都有所贡献，甚至我们当前使用的互联网，特斯拉也功不可没。

# 第 15 章 无线输电：一项让距离消失的技术

在 J. P.摩根的资助下，特斯拉在 1891 年开始试验无线输电技术，通过磁感应耦合原理成功地用无线传输方式点亮了一只灯泡，并在纽约长岛建造了大型高压线圈——沃登克里弗塔（图 15-1），又称特斯拉塔，目标是构建全球输电系统原型。尽管后来因资金问题项目被迫停止，但是该塔至今仍留存在该岛上，昭示未来。

图 15-1　1904 年建造的沃登克里弗塔

## 2. 无线输电的突破性进展

无线输电技术真正取得实质性进展是在 21 世纪以后，由于无线通信应用领域取得的跨越式进展，对输电充电技术提出了实际应用的迫切需求，从而也推动了无线输电技术和应用方面的重大突破。

在 2001 年 5 月召开的国际无线电力传输技术会议上，法国国家科学研究中心的皮格努莱特演示了利用微波无线传输电能点亮了 40 米外的一盏200瓦的灯泡。该中心于2003年建成了10千瓦的试验用微波输电装置。

2007年6月美国麻省理工学院马林·索尔贾希克为首的研究团队试制出的无线充电装置，可以点亮相隔7英尺（约2.1米）远的60瓦电灯泡。这一研究成果在无线输电领域引发极大关注。

2010年以后，无线输电技术进入实质性应用阶段，在消费电子、电动汽车、智能家居、智能穿戴等应用领域取得实质性进展。比较有代表性的包括：

- 2014年4月，美国Ossia公司的Cota技术取得了新突破，可在12米外给智能手机实现全方向充电。
- 2014年11月，美国WiTricity公司的磁共振技术的充电距离达到2.4米，可同时为多个设备远距离充电。
- 2015年11月，美国Energous公司发表RF to DC整流器IC概念样本，供应小型穿戴式装置和物联网装置的电力，可支持10瓦、4.57米距离的无线充电。
- 2016年3月，美国华盛顿大学研发出"Passive Wi-Fi"技术，可连接到30米外的Wi-Fi设备上，被《麻省理工科技评论》评为"2016十大科技突破"。
- 2016年4月，特斯拉无线充电装置"免插充电系统"开始发售。该装置可用于所有特斯拉品牌车型。充电效率相当于7.2千瓦二级线圈式充电桩，每充电一小时可支持电动车续航20英里（约32千米）。此外，用于四驱D车型的无线充电装置也很快将上市。
- 2017年，苹果公司实现手机无线充电，但并非隔空输电。
- 2019年，特斯拉推出了一款专门为手机充电的车载配件产品。该设备可嵌入Model 3中控屏幕正下方，通过USB接口接通电源后可同时为两部手机进行无线充电。
- 2021年1月，小米发布隔空充电技术，可以实现对数米半径内的5瓦远距离内的设备进行充电，而且可以支持多部手机同时使用。除手机外，无线充电桩还支持智能手表、手环等设备的充电需求。

## 02 Section 无线输电技术的基本原理

### 1. 基于电磁感应的短距离传输技术

感应耦合电力传输技术（Inductively Coupled Power Transmission，ICPT）是一种以电磁感应为基础的无线电能传输模式，图15-2是感应耦合电力传输技术原理图。这种无线输电技术的特点是传输功率大，能达千瓦级别，在极近距离内效率很高，但传输效率会随传输距离的增加和接收端位置的变化而显著减小，所以该技术一般用于厘米级的短距离传输。目前主流无线输电应用，包括手机、电动汽车等均采用这种技术。这种技术主要采用的是由WPC制定的Qi标准，是目前最受欢迎的充电标准。

### 2. 基于电磁共振耦合的中距离传输技术

中距离无线输电方式是以电磁波"射频"或者非辐射性谐振"磁耦合"等形式将电能进行传输。它基于电磁共振耦合原理，利用非辐射磁场实现电力高效传输。具体而言，这种无线输电装置由两个线圈构成，各自形成一个独立的自振系统，振荡器产生的高频振荡电流通过发射线圈向外发射电磁波，形成一个小型的非辐射磁场，从而实现将电能转化为磁场。这种技术主要采用 A4WP 制定的 AirFuel（由 PMA 和 A4WP 合并）标准。目前智能家居解决方案一般多基于这一原理。

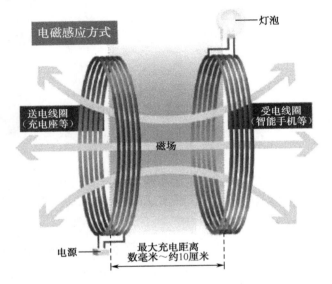

图 15-2　感应耦合电力传输技术原理图

## 3. 基于微波的长距离传输技术

微波电能传输技术（Microwave Power Transmission，MPT）也是要利用能量转换原理来实现的。首先利用能量转换装置把电能转换为微波，然后再通过发射天线定向发射出去，由接收装置获取微波，从而完成电能的转换和传输。这种传输技术的优点在于功率大、距离长、容量大。缺点是传输要求发射器必须对准接收器，受到严格的方向性限制，并且易受大气等周围介质的影响导致衰减较大。利用这种方式可以实现将空间太阳能电站的能量传回到地球，还可以利用这种方式为平流层飞艇和轨道卫星提供电力等。

# 第15章 无线输电：一项让距离消失的技术

## 03 Section 无线输电技术的主要应用领域

### 1. 便携通信

推动无线输电技术发展最强劲的动力来自手机、iPad、MP3、数字照相机以及笔记本电脑等便携通信产品领域。目前不少高科技公司都在该领域进行投入，试图取得突破性进展。例如，美国 Powercast 公司利用匹兹堡大学研制的无源型 RFID 技术，开发了一种电波接收型能量存储设备。英国 Splashpower 公司则通过改进 ICPT 技术开发了用于给手机电能供应的平台，取得了重大突破。我国目前在这方面主要是针对一些解决方案的应用，影响较大的是香港城市大学的许树源教授团队，基于多年的努力，提出了多种便携式通信装置的电能供应平台解决方案。

### 2. 交通运输

交通运输是无线输电应用最广泛的行业之一，主要采用 ICPT 短距离充电技术。其中，最典型的解决方案是在路面上安装电能发射装置，车辆底盘配备接收器（图 15-3），这样当车辆开到相应路面的时候，就可以接收发射装置发射的电磁波，完成充电。根据这一原理，有人提出了宏大的设想，如果将高速公路或城市主干道全部铺设这种电能发射装置，那么车辆在行进中就可以完成充电。目前我国成都地区已经在这方面尝试应用，部分公交线路实现了这种形式的无线充电。

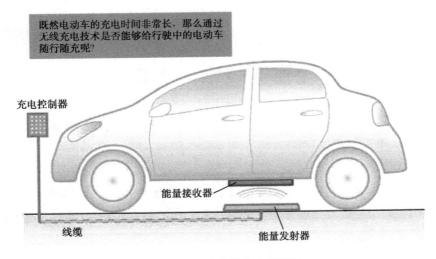

图 15-3　无线充电汽车原理图

### 3. 医疗器械

医疗器械供电是无线输电的又一重要领域，例如，对植入人体的医疗器械如心脏起搏器充电，对下肢麻痹的人进行肌肉刺激，以及神经系统的医疗刺激、镇痛，等等。医疗器械无线充电主要通过 ICPT（Inductively coupled Power Transfer，感应电能传输技术）和 RFPT（Radio Frequency Power Transmission，射频功率传输技术）方式。首先在人体外设置一个线圈，其次在人体内再植入一个对应的小微线圈，两者之间形成感应耦合效应，从而实现电力传输。

### 4. 航空航天

电力输送也是航空航天领域不可逾越的难题，除了为航天器自身提供电力以外，利用空间太阳能发电造福人类也是一个重要的应用发展方向。20 世纪 60 年代末，美国航天工程师彼得·格拉泽（Peter Glaser）提出了空间太阳能发电概念。目前，在太空通过卫星发射建设太阳能发电装置在技术上不存在障碍，但是这种能源如何传输到地面成了瓶颈问题。无线电力传输将是解决这一难题的重要发展方向，届时宇宙中巨大的能源将会不断输送到地球，那么人类摆脱石化能源及其污染问题将指日可待。

### 5. 水下探测

无线输电技术的另一个重点应用方向之一便是水下探测。在这方面，美国 WiTricity 公司进行了相关研究。无人潜航器（UUV）是美国海军探测的重点发展领域，但是电力问题也是困扰该技术突破的一大难题。目前，美国海军正在尝试利用水下无线充电设备，从而实现在水下直接充电。一旦实现，不仅可以大幅缩短无人潜航器两次任务的时间间隔，提高无人潜航器部署率，甚至可以实现长期水下值守。

### 6. 智能家居

近几年，物联网、智能家居等新概念受到越来越多的关注，也无疑给用电带来巨大压力，如果家中遍布着蜘蛛网一样的电线，不仅影响美观，而且暗藏安全隐患。无线输电将是解决智能家居的一个关键要素，"无尾"设备将成为家用智能设备的主流。目前美国 Powercast 公司已经开发出能够把无线电波转变为直流电的接收设备，能够在近 1 米距离内给多个电子设备供电。

## 04 无线输电的发展趋势

### 1. 市场潜力巨大

根据调研机构 Knowledge Sourcing Intelligence 的一份报告显示，全球无线输电市场预计将以年均 15.56%的速度增长，从 2019 年的 92.46 亿美元增长到 2025 年的 220.17 亿美元。

日本政府计划在 2021 年把 920 兆赫、4000 兆赫和 5700 兆赫 3 个电波频段划拨用于无线输电，并制定相关规则推动企业积极参与，日本无线输电技术将进入实用化阶段。

### 2. 标准呈现统一趋势

在消费电子领域主要有三大无线充电标准：Qi、A4WP 以及 PMA，后两者在 2015 年 1 月已经合并成为 AirFuel。无线充电市场标准目前已经变成了 Qi 和 AirFuel 的竞争。

Qi 标准目前占据市场主流地位，普及率最高，手机厂商大量采用，成员包括微软、松下、三星、索尼、东芝、LG 等，宜家的家具也基于该标准。AirFuel 技术穿透性比 Qi 强，目前成员囊括 Intel、博通、高通、三星、星巴克、麦当劳和 AT&T 等 170 家。

### 3. 成本正在降低

无线充电模组约占智能手机整机价格的比例接近 15%，各环节成本有望快速下降：5 瓦的无线充电 Qi 标准的单模装置整体成本在 2.2 美元左右，单个线圈的成本价格已经低于 0.8 美元。电动汽车无线充电模块成本高昂：无线充电停车点前期建设成本是有线电桩的 4～5 倍；电动汽车加装无线充电模块的费用在 1.5 万元以上，而商用车的费用高达 10 万元。无线充电停车点相比于有线充电桩具有后期维护成本低、安全、空间利用率高的优点。

### 4. 转化效率提升

有线充电的效率约为 93%，目前无线充电设备的效率在 75%～90%（如果低于 70%，发热会较明显）；充电距离、角度、环境温度都会影响转换效率。2014 年高通推出了基础电磁共振的无线充电技术，实现了 90% 的充电效率；以色列 Powermat 公司称其非接触式充电系统的电力传输效率可达 93%。日本伊东健治教授通过集成的方式，把微波转换为直流电流的天线与整流电路，将微波无线供电技术的转换效率提升到了 93%。

### 5. 中国无线输电核心技术仍待突破

从政策层面，国家能源局组织编制并印发的《能源技术革命创新行动计划（2016—2030 年）》提出，到 2020 年突破电动汽车无线充电技术，以电动汽车无线充电为突破点和应用对象，研发高效率、低成本的无线电能传输系统。上海市率先出台了《上海市鼓励电动汽车充换电设施发展扶持办法》，对无线充电等新技术，对设备投资给予30%的财政资金补贴。许多地方政府也都在研究无线传输技术的支持政策。"大功率无线充电技术"项目还列入了国家"863计划"新能源汽车项目指南。这些支持政策，将有效地推动我国在无线电力传输技术及应用取得重大进展。

不可否认的是，从技术研究层面，我国在无线电力传输技术方面起步晚、基础薄弱，学术界真正开始关注无线电力传输也在2000年以后。2001年西安石油学院李宏教授发表了一篇关于感应电能传输的综述性文章，标志着我国电力研究领域开始关注无线电力传输技术。目前，在这方面开展理论和应用研究的包括中科院电工所、四川大学、重庆大学、电子科技大学、航天科技集团等。例如，重庆大学与新西兰奥克兰大学合作，建立了完善的理论体系，成功研制出了非接触电能传输装置，在2007年就实现了600～1000瓦的电力传输，传输效率达70%，而且可以为多个设备同时供电。

在应用层面上，2015年6月，中兴通讯公司联合国内知名高校科研院所和企业成立了"大功率无线输电产业联盟"，意在推进产业协同发展。目前，我国在无线充电技术取得进展的相关科技公司，都将重心放在技术解决方案方面，大部分核心无线充电技术并不在我国，比如芯片，目前市场上主导的依然是TI（德州仪器）、高通、IDT等欧美大型公司。我国企业提出的大部分是应用型解决方案，通过采购这些国外企业的芯片，然后开发出低成本替代方案，尽快抢占应用市场。

总而言之，无线输电上游环节主要包括芯片、磁性材料、传输线圈、电阻电容、PCB、模组制造等。其中，芯片、磁性材料以及传输线圈的技术含量和产品附加值都相对较高，是无线输电产品最为关键的三大零

## 第 15 章　无线输电：一项让距离消失的技术

部件，技术壁垒较高。而模组封装环节技术壁垒偏低，也是目前国内企业进入最多的领域。面对这种情况，我们不得不担心，中国企业是否会重走计算机电子技术的老路，太过于关注市场而忽略了核心技术竞争力的培养。由于始终无法拥有芯片等核心技术，最终成为国外企业的代工厂，无奈地在产业链价值链末端挣扎。因此，从战略层面平衡好市场和核心技术的关系，对于我国未来无线输电技术的发展将具有重要意义。

# 第 16 章
## Chapter 16

## 智慧城市：具备"大脑"的城市

## 第16章　智慧城市：具备"大脑"的城市

据统计，随着城市扩张、人口增长与流动，到 2030 年，全球 33% 的居民将生活在城市，而到 2050 年，这一比例会上升至 70%，即超过 60 亿的人口将居住在城市。

另据统计，1990 年全球的超级大城市仅有 10 个，而到 2030 年，超级大城市的数量将增加到 41 个。毫无疑问，城市化贯穿于现代社会构建过程的始终，是人类社会结构变革的必经之路。

欧盟一直致力于将其大都市区实现"智慧"城市，并在"欧洲数字议程"下制订了一系列计划。2010 年，它强调其重点是加强信息和通信技术服务的创新和投资，以改善公共服务和生活质量。亿欧智库预计 2023 年全球智慧城市市场规模将达到 7172 亿美元。目前，开展智慧城市技术和计划的主要国家和城市有新加坡、迪拜、米尔顿·凯恩斯、南安普敦、阿姆斯特丹、巴塞罗那、马德里、斯德哥尔摩、中国和纽约。

## 01 Section　什么是智慧城市

智慧城市最初由 IBM 的智慧地球项目演变而来，智慧城市的建设就是建立在信息系统的基础上，更加合理地调配城市资源，使得城市更好地为人类提供服务，提高城市中人们的生活水准和便利性。

一般而言，智慧城市是指利用信息通信技术和其他相关技术改善城市正常运营效率和市民服务质量的城市环境。在形式上而言，专家们已考虑各方面的观点来定义智慧城市。最流行的定义之一是智慧城市是连接物理、社会、商业和信息通信技术基础设施，提升城市的智慧。在另一个更为全面的定义中，智慧城市被定义为利用信息通信技术和其他技术改善生活质量，提升竞争力、城市服务运营效率，同时确保当代和后代的社会资源可用性、经济和环境方面的先进性的现代化城市。初始智慧城市的终极目标是通过减少各功能需求和供给之间的矛盾，改善城市居民的生活质量。为满足生活质量要求，现代智慧城市尤其专注于可持续发展和能源管理、运输、医疗保健、治理等方面的高效解决方案，以满足城市化的极端需求。

智慧城市可以使用不同类型的电子数据采集传感器，在城市区域内为资产和资源的有效管理提供信息。包括从居民、设备和资产收集的数据以及处理和分析，用于监测和管理运输和运输系统、发电厂、供水网络、社区服务等。智慧城市的本质是利用先进的信息技术，实现城市的智能化管理和运行，从而为城市居民创造更好的生活，促进城市的和谐、可持续增长。智慧城市的结构如图 16-1 所示。

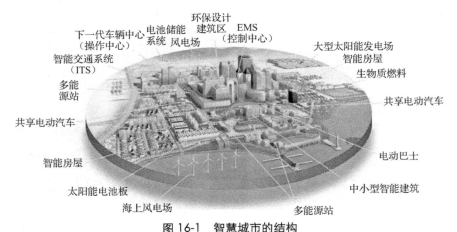

图 16-1　智慧城市的结构

第 16 章 智慧城市：具备"大脑"的城市

## 02 Section 智慧城市的要素

智慧城市离不开城市这个主体，然而当下的城市并不是智慧的，因为城市对于市民来说，还是封闭的，城市并不会主动思考，这样就造成了城市和人相对割裂的状态。什么是智慧城市，如何实现智慧城市，目前还没有统一的看法。但可以从不同角度给智慧城市贴上标签，多属性构成了智慧城市的基础。大多数智慧城市提案包括四个主要属性，即可持续性、生活质量、城市化和智能化。智慧城市应该是具有高科技含量、高效运行的、低污染、可持续发展的城市，是以大数据、人工智能、物联网支持的、人与城市交互的智慧交通、智慧医疗、智慧教育、智慧电网、智慧社区等的整体运行体系。

### 1. 科技助力城市高效运行

在构建智慧城市过程中，科技是最强大的势能。智慧城市需要通过技术手段来检测、分析、整合城市运行核心系统的各项关键信息，从而对包括民生、环保、公共安全、城市服务、工商业等活动在内的各种需求做出智能响应，最大限度地实现资源合理配置，让城市管理和运行更加高效。

从人类社会智慧发展的角度来说，智慧城市最初在一定程度上是互联网的发展和城市建设的自然扩散和深入的结果。因此，建设一个智慧城市，不能忽视互联网的发展趋势和演变规律。

## 2. 人与城市交互

智慧城市是以信息系统为核心建立的新型城市形态，智慧城市可以看作是一个大型的人机交互环境。随着个人移动设备的普及，移动设备已经成为人们生活中必不可缺的媒介，人们从移动设备上读取信息，分享信息，每一个移动设备都可以看成是一个终端或者传感器。智能移动终端可以作为人与城市之间的媒介，使城市的居民与城市系统之间形成交互性的信息沟通方式，居民更清楚自己所需的各类生活、生产信息，懂得如何利用城市资源发展自己，提高自己的生活水平；城市系统能够更好地获取居民的需求信息，完善城市系统，根据居民的需要进行城市建设。

## 3. 城市数字化

真实世界的智慧城市包含大量数据、复杂计算、信息存储和智能决策能力。由于数据在决策中发挥着重要的作用，因此从业者认为智慧城市的实施依赖于各种形式的数据和计算。一方面，数据采集被认为是最重要的角色，因为其控制着智慧城市的其他运营。另一方面，由于数据之间存在巨大的异质性，数据采集被认为是最具挑战性的任务。数据采集机制和技术取决于数据类型和背景环境。事实上，智慧城市包含来自多元化城市运营的不同数据，即智能家居中的设备控制、智能电网中的负载平衡、流行病管理的个人健康监控、社区的废物管理以及灾害管理等。我们可以认为，城市运营之间的差异会产生非常异质化的数据。此外，所产生的大量数据加剧了数据采集的复杂性。今天，以数字化转型为核心的第四次工业革命已经拉开大幕，大数据、云计算和智能技术这"三驾马车"在推进城市化、实现城市的"智慧"加持上展现出了无可匹敌的速度与能量。

# 第16章 智慧城市：具备"大脑"的城市

因此，只有借助数字技术，城市才能顺利升级为智慧城市，人与自然才能在其中和谐共存，经济也将赢得长久繁荣。

### 4. 智慧交通

智慧城市离不开智慧交通、智慧物流、智慧医疗等各行各业的智能化发展。例如，城市交通可以通过摄像机视频获取实时交通流量，从而根据实时交通流量优化交叉口的时间分配，提高交通效率。凭借着惊人的计算机视觉分析能力，利用每个交通摄像机对道路进行实时交通体检，就像交通警察一年到头巡视道路一样。随着导航软件的应用推广，用户与软件的交互得以实现，驾驶员可以及时根据路况信息进行线路调整。未来，随着无人驾驶技术的推广，驾驶与城市系统对接，系统规划调配路线，出行效率将大幅提高。

## 03 Section 智慧城市的历史发展沿革

2008年1月，中国：《"互联网大脑"进化示意图》在新浪博客发布，作者刘锋用图示的方法从"互联网大脑"的发育角度阐述了互联网的发展历程。

2011年5月，美国："谷歌大脑"诞生，成为包括视觉识别、语言翻译、文字识别、语音识别的互联网AI系统，谷歌无人驾驶汽车、谷歌眼镜也能通过使用谷歌大脑性能的提升，可以更好地感知真实世界中的数据。

2012年9月，中国：清华大学出版社出版的《互联网进化论》对互联网、人工智能、脑科学关联的互联网类脑架构进行了深入阐述。

2014年4月，中国：科大讯飞"讯飞超脑"计划诞生，用于打造人工智能生态；在万物互联和人工智能浪潮的推动下，面向教育、客服和医疗行业以及翻译、汽车、移动端和家庭等消费者场景，发布、升级产品和解决方案。

2014年11月，美国：Web.com前CEO，美国邓白氏集团的董事长兼CEO杰夫·斯蒂贝尔出版的《断点：互联网进化启示录》提出互联网向类脑架构进化的观点。

2016年3月，中国：阿里巴巴提出"城市大脑"，基于阿里云的人工智能系统对城市数据进行处理。

2016年9月，中国：2016年百度世界大会，"百度大脑1.0"完成基础能力搭建和核心技术初步开放。到2017年开放了80多项百度大脑的能力或API，包括语音识别的能力、OCR的能力、人脸识别能力、知识图谱、自然语言理解、用户画像等，有37万多个开发者在使用百度大脑各种各样的能力。2017年7月，百度公司在2017年百度AI开发者大会（Baidu Create）上公布了"百度大脑2.0"。2018年7月，百度公司在2018年百度AI开发者大会上公布了"百度大脑3.0"。百度大脑在三年时间完成三变，功能越来越强大。

2017年7月，中国：最新版互联网云脑架构图发布，用于解读物联网、云机器人、AI等前沿科技的关系。

# 第16章 智慧城市：具备"大脑"的城市

2017年11月，中国：在"华为智慧城市峰会2017"上，深圳建设智慧城市的成就引起了业界的关注。华为作为智慧城市的地位是构建城市的神经系统，实现"万物感知—万物连接—万物智能"。

2017年12月，中国：Aliette Brain正式发布，基于类脑神经元网络的物理结构和模糊认知反演理论，实现从单点智能到多智能体的技术飞跃，创建具有多维感知、全局洞察力、实时决策、连续性的超级智能体。进化和其他类似大脑的认知能力。

2018年1月，中国：2018智慧交通峰会上，滴滴出行正式发布了智慧交通战略产品"滴滴交通大脑"，并与交管部门合作，用AI的决策能力解决交通工具与承载系统之间的协调问题。

2018年3月，中国：美的全球人工智能团队宣布正式推出自主研发的大规模、高效率、分布式、异构深度学习计算平台"美的大脑"；2018年3月8日，"智慧生态 开放引领"海尔U+智慧生活2.0战略发布暨成果体验会在上海开幕。发布会上，海尔 U+智慧生活平台发布"U+智慧生活2.0战略"，以U+智慧生活大脑、海尔优家App2.0生态场景商务模式率先布局物联网。

2018年，国家发展改革委、中央网信办公布《新型智慧城市评价指标（2018）》。美国政府数字化转型遵循以信息为中心、共享平台、以用户为中心、安全和隐私这四大原则，实现了由管制型政府向服务型政府的转变。英国通过《政府数字化战略》、"数字政府即平台"等政府数字化转型战略计划，成为了全世界领先的数字政府，体现了以人为本的原则以及高度的灵活性和包容性。澳大利亚政府依托强大的数字能力对数字环境的变化做出快速反应，强调以民众为中心、保护数据、提升服务能力、协同治理、持续创新、数据共享，从根本上改变了政府服务的提供方式。

2019年，河北、陕西等省市发布《关于加快推进新型智慧城市建设的指导意见》。2018—2019年，法国巴黎、雷恩等也开始了数字孪生城市建设，其中巴黎以街道和建筑物数字化建设为主，雷恩则通过建设城市数字模型来支撑规划决策、城市管理与服务。2019年，美国福布斯技术委员会提出了可能会从智慧城市中获得最大利益和影响的10大行业和服务，其中就包括"城市规划"和"医疗服务"。

截至2020年，为全面落实智慧城市建设，推动城市智能化变革，上海陆续推出了《上海市城市总体规划（2016—2040）》《上海市推进新型基础设施建设行动方案（2020—2022年）》《关于进一步加快智慧城市建设的若干意见》等政策，聚焦打造政务服务"一网通办"、城市运行"一网统管"，从大方向，引领各界加快智慧建设。北京全面建设数字北京和智慧政务；借鉴国内外智慧城市建设的先进经验，以城管物联网平台建设为载体，形成集感知、分析、服务、指挥、监察"五位一体"的智慧城管总体架构；全面引入大数据、云计算、人工智能等前沿科技，以"一云、一中心、三张网、五大综合应用"为架构，构建了新一代智慧交通管理体系；通过信息化、物联化、大数据等前沿科技，开发了"北京市智慧小区服务平台"。深圳的城市"智慧大脑"，作为一个能看、能用、能思考、能联动的智慧城市运行和指挥中枢，汇聚了各类信息系统和数据，已打通42个系统，100多类数据，28万多路监控视频，并形成了市—区—街道三级联动指挥体系。

第 16 章 智慧城市：具备"大脑"的城市

## 04 Section 对社会和经济的影响

### 1. 城市深度信息化

在"城市大脑"建设、实现数据信息共享和深入应用中多利用云计算、互联网、大数据、人工智能等信息技术手段，促进城市治理体制创新、模式创新。住宅、住宅小区、地下空间、道路桥梁、港口水路、交通、江湖、地下管线、道路架空线路、绿色城市风貌等领域，将完善城市管理的基础数据库，运用各种创新手段，加强城市管理者"神经末梢"建设。在一个更"智慧"的城市管理框架下，城市运营无疑会更加有效。

### 2. 构建新型产业链

"城市大脑"以城市网格大数据运营中心为支撑，带动产业聚集，可以打造六个中心："城市大脑"大数据中心、"城市大脑"应用中心、"城市大脑"智力中心、"城市大脑"双创中心、"城市大脑"服务中心及"城市大脑"资本中心。大数据中心是核心，是城市网格大数据操作系统，其运算能力来自网格云计算，通过大数据中心进行城市大数据交易。应用中心是利用网格技术把视频空间化、结构化，然后融合与识别，最后实现对空间的管理。智力中心是靠算法和数据，拥有数据后，就可以依靠全球各个地方的算法来支撑。

# 第 17 章
Chapter 17

## 全球 Wi-Fi 覆盖，谷歌的"阳谋"与"阴谋"

# 第 17 章　全球 Wi-Fi 覆盖，谷歌的"阳谋"与"阴谋"

曾几何时，我们还在担心上网速度够不够快，这个月流量够不够用，考虑要不要花 10 元钱买一个流量加油包，或者纠结这个月要不要续宽带费，然而，谷歌宣布的一项重大举措将彻底解决这一问题，即推进全球免费覆盖无线 Wi-Fi 计划。从高空热气球、无人机到卫星，谷歌为了"全球 Wi-Fi 覆盖计划"不遗余力，尝试了各种载体。如果这一计划得以实现，全球"不联网"的时代将从此结束。这有可能对当前的网络格局和网络安全产生重大的影响。

## 01 Section 什么是 Wi-Fi 全球覆盖

Wi-Fi 可以简单地理解为无线上网，几乎所有智能手机、平板电脑和笔记本电脑都支持 Wi-Fi 上网，是当今使用最广的一种无线网络传输技术。实际上就是把有线网络信号转换成无线信号，使用无线路由器供支持其技术的相关电脑、手机等电子设备。Wi-Fi 最主要的优势在于不需要布线，因此可以不受布线条件的限制。谷歌正是利用这一特点，尝试在高空热气球、无人机及卫星上设置信号源，实现在全球，包括偏远地区或者海洋、沙漠地带的无线信号传输。

# 02 谷歌的 Wi-Fi 全球覆盖之路

## 1. 热气球 Wi-Fi 计划

2013 年 6 月，Google X 实验室正式宣布推出 "Project Loon"，即 "潜鸟计划"，又名 "热气球网络计划"。该计划通过在 6～9 万英尺（约 18～27 千米）高空的平流层放飞一组太阳能远程遥控热气球，为世界上缺乏相应通信基础设施的发展中经济体和地区提供无线网络服务。该服务致力于全世界每一个角落都能连接网络，包括农村偏远地区或者灾区。6～9 万英尺是大部分飞机飞行高度的两倍。这些热气球使用的材质是超压力气球所使用的聚乙烯泡沫，比气象用气球更加耐久，可以承受更高的压力，充气完成后高 12 米、宽 15 米。同时，在热气球顶部配有降落伞，可以控制气球起降，以便进行维修和更换。这些被放飞的热气球下方还悬挂了一些设备——无线电接收器、电脑、高度控制设备及太阳能电池板。

谷歌提交美国联邦通信委员会的文件表明，谷歌希望使用 71～76GHz 以及 81～86GHz 的无线电频率。这些毫米波频率十分适合进行短距离的大数据传送。这也表明，谷歌公司或许会使用毫米波无线电进行热气球间的通信，同时使用长期演进技术（LTE）向地球提供网络服务。和卫星网络的工作方式有点相似，热气球能够与地面上的特殊天线和接收站进行通信。

### 第 17 章　全球 Wi-Fi 覆盖，谷歌的"阳谋"与"阴谋"

## 2. 无人机 Wi-Fi 计划

除用热气球进行全球免费无线网络覆盖计划外，谷歌还想利用太阳能无人机提供 Wi-Fi 热点服务，即 Skybender 项目。2014 年，谷歌收购了致力于开发无人机，当时还只有 20 名员工的泰坦航空航天公司，开始试验如何用无人机提供 Wi-Fi 热点。为了能接收高空飞行中无人机发射的毫米波，谷歌正在利用新太阳能无人机 Centaur 以及 Google Titan 研发的无人机 Solara 50 采用相控阵天线聚焦传输。相控阵是由一群天线单元组成的阵列。送往各个天线单元的信号的相对相位经过适当调整后，最后会强化信号在指定方向的强度，同时减弱其他方向的强度。该技术原本用于射电天文学，后来在军事上的主动雷达以及一些调幅广播电台也都使用了这种技术。但是相控阵技术非常复杂而且十分耗能，目前尚不知谷歌能否将这项技术实用化。

Google Titan 太阳能无人机，形状像蜻蜓，机翼长约 164 英尺（50 米），比普通波音 767 稍大，两翼采用太阳能面板充电，以太阳能为动力，能在海拔 20 千米的飞行高度持续飞行 5 年之久，可通过专业通信设备实现每秒 1 千兆字节的速率传输，将为偏远地区普及宽带连接提供解决方案，并使得网速远超多数发达国家的现行宽带速率。谷歌利用毫米波谱进行无线电传输，这种无线电工作在 28GHz 的频段，尽管其覆盖范围要比目前的 4G 小（有效传播距离大约是 4G 的 1/10），但是传输速率却要比后者快得多。理论上该技术可支持 10Gbps，这个速率要比目前的 4G 快 40 倍以上。谷歌的最终设想是，成千上万的无人机舰队在全球高空中传输 5G 网络。

## 3. 卫星 Wi-Fi 计划

2014 年，美国的媒体发展投资基金公司开始研制原型卫星并测试远程Wi-Fi广播,并计划发射数百颗微型卫星,向全球提供免费的网络连接,即"OUTERNET"(外联网)项目。2014年,谷歌曾计划花费超过10亿美元来部署数百个近地轨道卫星,为全球偏远地区的居民提供互联网接入服务。该卫星Wi-Fi项目负责人是O3b网络公司创始人格雷格·维勒。O3b网络公司是一家全球卫星服务提供商,以租用卫星的方式,为新兴市场的电信运营商、互联网服务提供商、企业及政府客户运营新一代卫星网络。O3b网络公司曾计划于2018年向太空发射648颗卫星,以提供更快速、范围更广的互联网接入服务。而谷歌全球免费无线网络本质上是把Wi-Fi热点装到近地卫星上,并用180颗卫星完成全球覆盖。

### 4. 印度火车站 Wi-Fi 项目

2015年9月,谷歌宣布将与印度RailTel公司合作,为印度全国范围内的火车站提供免费的Wi-Fi热点。2018年,谷歌公司宣布,它的这款服务实现了重要里程碑,登陆的火车站数量达到了400座大关。谷歌副总裁凯撒·森古普塔(Caesar Sengupta)表示,"谷歌车站"现在每个月吸引800万用户使用,每人每次平均消耗约350MB数据。

## 03 Section  Wi-Fi 全球覆盖面临的问题

### 1. 卫星 Wi-Fi 技术问题尚未完全解决

Wi-Fi技术源于计算机网络技术,本来就是基于近距离通信场景设计的,在实际使用中,如果距离足够近,在有限功率的情况下能够取得

## 第 17 章　全球 Wi-Fi 覆盖，谷歌的"阳谋"与"阴谋"

比较好的信噪比（在发射功率不变的前提下，距离近则信噪比高）。但是，如果在功率有限的情况下，且距离较远，比如海平面或近地轨道人造卫星的距离，那么，信噪比就会很小，根据香农定理，不可能实现可靠的传输，会增大信号传输的误码率，而这也是为什么 Wi-Fi 覆盖范围非常有限的根源。通信卫星的工作原理是从地面基站发出无线电信号，卫星通信天线接收后，首先在通信转发器中进行放大、变频和功率放大，最后由卫星的通信天线把放大后的无线电信号重新发向地面基站，再转接到用户。

目前的卫星 Wi-Fi 还只是单工通信，意味着信息只能在一个方向传送，发送方不能接收，接收方不能发送。信道的全部带宽都用于由发送方到接收方的数据传送。近期目标是为整个世界提供广播数据，通过这一渠道，向用户传输新闻、教育课程、手机应用、电影、音乐，等等。因此，看起来更像是网络广播，并非真正的互联网。这种单向传输采用基于 UDP（User Datagram Protocol）的多任务处理技术，能够为大量人群提供服务，未来是否能够解决双向网络连接，成为真正的"无线网络"还需要技术的持续创新。

## 2. 收益能否收回成本

Wi-Fi 全球覆盖需要强大的资金支持，但是其收益是否能收回成本，什么样的商业模式可以支撑这项计划持续进行下去？根据谷歌的计划，需要至少投入 10 亿美元，而其商业模式还只是广告收入，而目前全球未实现无线信号覆盖的地区都是偏远地区或者落后地区，这些地方能否带来相应的回报还不得而知。而且，当地政府是否允许国外公司实现对当地无条件网络覆盖也是个问题。如果这个计划带有信息战的目的，那就更不容易得到当地政府的许可。

不过人类的发明创新很多也出于各种偶然的尝试，即便全球免费无线网络覆盖计划最终流产，或建成后也只能在地广人稀的地区使用，以及小范围内使用，其敢于探索的勇气确实值得肯定。

## 04 对经济和社会的影响

### 1. 改变网络经济的商业模式

谷歌开启了免费网络连接的新模式，如果实现，将对现有的网络服务产生巨大冲击。Wi-Fi 免费全球覆盖的概念已经得到一定的认同，这项计划获得了许多网友的支持，而比特币区块链（Blockchain）、乌班图（Ubuntu）、世界开放地图（OpenStreetMap）、脸书（Facebook），以及维基百科等都加入了支持的队伍。未来，我们的互联网有可能变成网络免费、信息收费的模式。也有可能变成像电视一样，信息免费、广告收费。特定个性化广告页面直达 Wi-Fi 用户，让用户在上网的第一时间接触到商家的广告或市场调研选项，既凸显商家的形象，又是进行市场调研的一种好方法。运营商也可借此进行广告业务推广服务。

### 2. 警惕西方的价值观输出

如果谷歌全球免费无线网络服务得以实现，谷歌、脸书、推特、WhatsApp（类似中国的微信）等国外网络服务应用平台就可能会大量涌入中国，向中国用户渗透西方的价值观和文化观，中国政府需要对此提高警惕，在法律、设备管控等方面提前采取相应对策。

第 17 章　全球 Wi-Fi 覆盖，谷歌的"阳谋"与"阴谋"

### 3. 借鉴全覆盖模式，缩小"信息鸿沟"

信息时代，发达地区往往拥有更好的信息基础设施，从而掌握信息主动权，反过来又会促进当地经济的发展，使发达地区更发达，而贫穷、落后地区的发展则越加困难，信息落后的差距将不断加大。免费 Wi-Fi 能够利用现代先进的技术手段，将信息传递到全球的每个角落，重点解决偏远地区网络连接问题，能够缩小人与人之间在移动互联网时代存在的"信息鸿沟"。中国政府和企业可以借鉴谷歌的全球 Wi-Fi 覆盖模式，减少中国贫困地区或者偏远山区由于信息匮乏造成的发展困难，减少贫困，促进社会公平。

### 4. 黑客可能更加猖狂，中国需加强网络监管

免费 Wi-Fi 可能会成为黑客入侵系统的首选地，带来不可估计的安全问题。信息安全带来极大隐患，监管难度空前加大。因为使用该技术是利用无线电波在空中传播的方式来传输数据的，数据在没有良好保护机制的无线网络中进行传输，将存在诸多安全隐患，不法分子会利用安全漏洞窃取用户的个人信息以及各种商业机密为己所用。中国政府需要加强网络监管手段，提高网络监管技术水平，更好地应对未来的网络环境变化。

### 5. 有利于紧急救援或者灾后重建

全球免费 Wi-Fi 覆盖计划能够把沙漠、大海、灾区等任何地方通过网络连接起来，一旦发生事故，通过免费 Wi-Fi，人们可以获得事关生死的救命信号，为救援行动提供便利，减少损失。

## 6. Wi-Fi 或将成为第五项公用基础设施

一个地区的 Wi-Fi 水平可能决定了当地信息产业的发展速度。Wi-Fi 或将成为继水、电、气、交通之后的第五项公用基础设施,成为电子信息产业发展的助力器。由于信息接入设备的普及,信息共享更加方便,可以促进科技的快速进步。

# 05 结 语
Section

全球免费 Wi-Fi 覆盖从技术和商业模式上尚不完全成熟,谷歌的这些计划看上去更像给大众的安慰,雷声大,雨点小。但通过这样一种形式,谷歌获取了更多的民间支持,也获取了更多的投资支持,还可能间接给中国政府限制谷歌的正常监管行为造成一定的压力,更像谷歌的一个计谋。

虽然谷歌的这些项目未必能够取得成功,但是,让无线网络覆盖全球的方向并没有错,其背后也可能隐藏着巨大的商机。未来的世界是属于无线电波的世界,中国也应该考虑用自己的方式占据这个无线世界,这是一个看不见的,但确实存在的战场。

# 第18章
Chapter 18

## 可见光通信：点亮未来

你可曾想过，光除了可以照明还可以进行通信？在 2017 年的 NBA 比赛中，位于勇士队主场的观众，正享受着高达 10Gbps 的无线网络服务。而让观众踏上"网络高速公路"的，正是球馆内新安装的可见光通信装置。球迷们只需要站在球馆的 LED 灯光下，就可以连接网络。这样的新闻，放在以往你可能很难相信，但是随着可见光通信技术的发展，这样的产品正距离我们的生活越来越近。

# 01 Section 什么是可见光通信

进入 21 世纪，随着 LED 灯的应用越来越广泛，可见光通信的研究开始兴起，并且不断取得新的突破。可见光通信（Visible Light Communication，VLC）是利用可见光波段的光作为信息载体，无需光纤等有线信道的传输介质，在空气中直接传输光信号的通信方式。由于 LED 灯光具有比传统的白炽光和荧光更高的灵敏度，所以可将其选作可见光通信的设备。可见光通信（VLC）就是在白光 LED 技术上发展起来的新型的无线光通信技术。

如果把微芯片加到普通的 LED 灯上，就可以使 LED 灯以极高的频率闪烁从而达到传递数据的目的。我们可以用灯亮和灯灭进行信息的传递，例如，灯灭代表 0，灯亮代表 1，则灯的闪烁就可以被编成二进制数据，然后就可以进行传输了。若想要使灯光下的终端（如手机、电脑、物联网设备等）完成数据的接收，安装特定的信号接收装置即可。如此，便可以完成数据的传输，进而实现在灯光下连接网络，没有灯光则关闭网络。

由于可见光通信具有非常丰富的频率资源，可以弥补无线频谱资源紧张的缺点，所以它可用于移动系统通信补充的接入手段。又由于可见光通信不受电磁干扰，在需要考虑电磁干扰的环境下或电磁受限的条件下均可以任意使用可见光通信技术，所以这弥补了传统通信方式电磁覆盖范围不足的缺憾。未来处处有光，处处可通信（图18-1）。

图18-1　未来处处有光，处处可通信

## 02　国内外可见光通信发展情况

### 1. 日本最早研究可见光通信

可见光通信最早在日本进行研究。从1990年到2000年的10年间，日本在室内定位、室外空间通信、车联网等应用的相关领域发展较为迅速。早在 2000 年，日本庆应（Keio）大学就提出了可见光通信的接入方案。庆应大学联合索尼研究所共同提出了利用白光 LED 作为通信基站，在室内进行无线传输的假设。研究人员对通信信道进行了仿真实验和数学分析，并且证明了 LED 灯是可以运用于可见光通信中的。

2002 年，为了进一步地研究白光 LED 通信系统，中川等人的研究团队又对其展开了具体深入的研究分析，包括了对光源进行建模、噪声模型、信道冲击响应，以及室内不同位置的信噪比分布情况等进行了仿真实验和数学分析。Tanaka 等研究人员同年正式提出了电力线的载波通信与 LED 可见光通信融合的数据传输系统。

2003 年，在中川的倡导下，日本庆应大学成立了产学研相结合的战略联盟——可见光通信联盟（VLCC），吸引了各大领域的知名企业和研究所的加入，例如，索尼、Casio、NEC 等。可见光通信领域应用的范围极其宽广，为此 VLCC 根据其应用的场景不同对其进行划分，分为可见光无线局域网接入、室内移动通信、水下可见光通信、可见光定位等。

在日本，相关技术的研究进展显著。如灯塔可见光通信系统，最远可与 2 千米外的设备通信，速率约为 1Mbps；紧急快速部署的低空可见光气球卫星也正在研发的过程中。2013 年，LAMPSERVER LED 街灯投入了测试。这套系统的通信速率高达百兆，但是通信距离较短，不足 300 米。2014 年，TAKAYA 公司研发了汽车间可见光通信系统，速率可以达到 1Mbps。此系统依靠 LED 阵列发送信号，图像传感器接收信号。2015 年 10 月，在日本举办的"日本可见光通信国际会议暨展览会 2015"上，松下公司推出了"光 ID 服务解决方案"，富士通推出了"连接实物与信息的 LED 照明技术"。

日本冲绳县那霸市的风险企业 LAMPSERVE 公司从 2016 年 9 月开始，进行全球首项户外实证实验，着手确立高速通信技术。据悉，LAMPSERVE 在当地找到合作企业，由日本方面提供基础技术和硬件，爱沙尼亚方面负责软件等的开发，最终在爱沙尼亚成功开发出了用于可见光通信的收发装置。

## 2. 美国的可见光通信

2008 年，美国成立了由波士顿大学（负责发光二极管通信、计算机网络系统技术研究）、莱塞拉尔理工学院（负责新材料器件技术与系统应用研究）、新墨西哥大学（负责纳米材料、器件、生物成像和显示的测试平台建设）组成的智能照明中心开展可见光通信技术研究。该中心研究目标是希望可以借助可见光实现无线设备与 LED 照明设备的通信。他们对可见光通信系统进行了仿真实验。该实验可以仿真出在室内不同位置、光照强度、误码率和信噪比等参数。2011 年，研究人员还研究出，在人眼认为是"关灯"状态下，如何进行可见光通信。

## 3. 欧洲的可见光通信

2008 年，欧盟启动了欧米伽（OMEGA）计划进行可见光通信技术研究。欧洲在可见光通信研究领域具有代表性的研究机构包括牛津大学、剑桥大学、帝国理工学院、德国西门子公司、法国电信等。该计划的研究目的是为研发出一种可以提高带宽且具有高速服务的全新室内接入网络。

2009年德国海因里希-赫兹研究所完成了100Mbps和125Mbps可见光通信的验证。2010年，通过对各种技术的改善与研究，如利用DMT调制方式，把滤光片加在接收端，离线分析处理数据等，系统的通信速率得到了大幅度的提高，先后突破了200Mbps、230Mbps、513Mbps。到2012年，该研究所研发的离线分析系统可以达到在一个LED灯的情况下，通信速率达到806Mbps。

哈拉尔德·哈斯（Harald Haas）教授在2011年创造了"Li-Fi"一词，2011年11月28日美国《时代》周刊公布的2011年度全球50大最佳发明中，哈斯教授开发的一种利用LED灯实现光学无线上网的解决方案（Li-Fi）排在第8位。后来在苏格兰政府支持下创立的Pure LiFi公司从事可见光通信技术产品化研究。据了解，该公司一成立就获得各界的大力追捧，已融资150万英镑，总资产多达1400万英镑。目前，该公司产品还处于实验阶段，对外宣布的一些商业化产品还处于性能测试阶段，尚未与消费者见面。不过，一家美国的医疗提供商已经预订了第一笔订单。相信在不久的将来，该公司的产品将会大规模地出现在市场上。2014年，第一代"Li-Fi"问世，该产品可以进行数据的双向传输。但是由于它只面向合作客户提供服务，所以目前为止，市面上还没有流行使用。

英国为医疗机构开发的Li-Fi设备已经投入批量生产，在新建住房中有着广泛应用。法国的Oledcomm公司的可见光通信系统已经进入了商业化阶段，它可以为各种场所提供可见光通信系统。2015年4月，美国塔吉特（Target）公司将VLC定位导航系统装在了其商店内。2015年5月，法国的家乐福将菲利普（Philip）公司研发的VLC-LED灯具安装在超市内，建立了可见光导航系统。2015年11月，爱沙尼亚Velmenni公司研发了一种Li-Fi原型灯泡，其数据传输速率可以达到1Gbps；在实验室条件下，Li-Fi 灯泡的数据传输速率可达 224Gbps。

## 4. 我国的可见光通信

我国的可见光通信技术与国外相比起步较晚，仍然处于落后的地位，且尚未研究出成熟的可以用于商业化的通信系统。不过近年来，在国家的大力支持下，我国各研究单位开始对可见光通信开展研究，并且取得了一些成果，如可见光通信理论、可见光通信信道模型、信道特性的研究等。

2008 年，我国首台白光 LED 光通信样机问世，该样机是由暨南大学的研究团队自主研发的。2008 年年底，中国科学院半导体研究所按照路甬祥院长的批示，整合国内优势研发力量，启动了基于可见光通信的"半导体照明信息网"（Solid-State Lighting Information Network，S2-link）的研究，研究范围覆盖材料、器件、协议和系统。

复旦大学一直在致力于研究高速可见光通信系统，其研究的离线处理数据可见光通信系统在 2013 年最高实现了 3.75Gbps 的传输速率，并创造了世界纪录。它们搭建的通信系统在传输速率方面一直在国内处于领先。

2015 年经工业和信息化部测试认证，在于宏毅带领下的解放军信息工程大学研发团队，攻破了高效抑制空间中可见光信道相互干扰等关键技术，使可见光通信进入了微型化、集成化的设计与实现阶段。这样，大大提高了可见光传输速率，实时通信速率可达 50Gbps，若想下载一部高清的电影只需 0.2 秒的时间即可。

暨南大学陈长缨教授所研究的可见光通信系统取得了初步进展。尤其在近几年，技术转化至应用成果显著，其中以中国可见光通信联盟成员单位为主体。2013年11月，在中国国际高新技术成果交易会上，深圳光启推出的光子支付系统亮相。次年6月，深圳光启与平安集团签署战略合作协议，推动光子支付解决方案。此外，深圳光启还推出光子门禁系统与光子覆盖系统。

2014年6月，华策光通信推出了LED白光室内定位系统（U-beacon），基于该系统的APP"易逛"已在江苏等地实现了试运行。北京全电智领公司推出了基于可见光位置标签的产品，用于博物馆展品的讲解；2015年，该产品在北京正阳门博物馆试运行。目前该公司正在研发室内雾霾检测台灯等产品。

解放军信息工程大学组建了一支可见光通信技术的研发团队，以邬江兴院士、于宏毅教授为代表。在国家有关部门的大力支持下，该团队面向基础研究与应用转化做出了许多科研工作。在基础研究方面，重点开展了超高速无线光互联试验系统、室外拓展距离无线通信试验系统的研发；在应用转化方面，先后完成矿下可见光通信与定位、可见光隐式广告、可见光精确定位等9套示范系统，其中2套在煤矿巷道进行了实地示范。2015年6月实验室研发出小型化低功耗接入卡设备，在中国平煤神马集团煤矿巷道安装测试成功，实现了网页访问、煤矿井下用户导航定位、高速视频播放等功能。

第 18 章 可见光通信：点亮未来

## 03 Section 可见光通信的特点

### 1. 可见光通信的优势

可见光通信是可以实现"有光照就能上网"的新型高速数据传输技术，相比 Wi-Fi，除速率优势外，其优势还包括以下方面。

**密度高，成本低**。为了实现 Wi-Fi 信号的覆盖，需要部署 Wi-Fi 热点，比如无线路由器。相比于当前 Wi-Fi 热点的部署情况，可见光的密度肯定要高出许多。不仅如此，可见光通信技术可以依靠现有照明线路进行通信，省去了建造基础设施的成本与过程。相比于设置 Wi-Fi 热点，LED 灯的改造花费也小很多。

**频带较宽**。使用 Wi-Fi 进行无线传输时，采用的是射频信号。这部分频率在整个电磁频谱中仅仅占据了很小的一部分。近几年，用户对无线网络需求持续增长，射频频谱的资源也越来越少。这样下去，无线频谱资源终归会枯竭。与之对比，可见光具有丰富的频率资源，其频谱宽度是射频频谱的 104 倍。因此，研发可见光通信技术能够有效解决无线频谱资源短缺的状况。

**无电磁辐射**。Wi-Fi 传输信息依靠的是无线电波，发送电波的设备功率越大，则相应的电磁辐射就会越强，电磁干扰问题也随之而来。这个问题对于工业现场等易被电磁信号干扰的场合来说始终难以解决。然而，如果选择可见光作为信息传递的载体，则不会出现上述问题。

**较高保密性**。如果遮挡住灯光，光线照射不到，信息也就不会向无法照亮的地区泄露。

### 2. 可见光通信的不足

虽然 Li-Fi 前景光明，但是若要实现产业化，仍旧有很长的路要走。目前阶段，可见光通信还有很多问题等待解决，比如说信号容易中断、信号返回不方便、缺少专用探测器、没有专业集成芯片等。

**安全性问题**。之前提到过可见光通信保密性良好，但这是相对的。如果设备安装在个人家庭或者企业内部使用，的确比较安全，但在公共场合，可见光需要覆盖公共领域，那么安全性则难以保障。

**传输易被打断**。当光线被遮挡，传输自然就无法进行。因此，在实际应用中，利用可见光的信息传输极易中断。

## 04 Section 可见光通信的产业方向

### 1. 室内定位服务

可见光通信的典型特征是低速单向，符合近期产业化方向。但室内定位导航与室外定位导航不是一类问题，室内定位导航本质上是一个简单路径规划问题，连续定位的支撑点不明显，但基于位置的信息服务（如超市导购、博物馆讲解、广告推送、线上线下绑定服务等）需求旺盛。

### 2. 光子支付与光钥

光子支付与光钥的典型特征是低速单向或双向，符合近期产业化方向。光子支付类应用属于重量级安全认证，安全等级强、行业门槛高、同质技术多；光钥类应用属于轻量级安全认证，有人提出"一机通"的概念，但非不可替代，关键在于商业模式。

### 3. 特殊区域无线通信

特殊区域无线通信的典型特征是低中速行业市场，符合近期产业方向；特殊区域无线通信是机舱、舰船、医院、煤矿、坑道等电磁严苛区域无线移动通信的基本选择。图 18-2 是利用可见光通信在飞机上上网的宣传图。但场景要求需要考虑进去，比如煤矿井下与 PLC 自然结合，但井下电力环境恶劣；再如坑道中的应用，需要考虑 PLC 的引入导致电力线辐射污染及唤醒等问题。

图 18-2　可见光通信可用于在飞机上上网

### 4. 室内绿色高速信息网

室内绿色高速信息网的典型特征是高速大众市场，符合中远期产业化方向。现阶段尚不具备与 Wi-Fi 的抗衡实力，或与 Wi-Fi 非同质化技术，似应与毫米波是同质技术；如果现阶段进入，家庭应用应体现其绿色健康的特点，大型公众场所应用应体现适应高速高密度无线接入的特点。

### 5. 水下中近距离无线信息网络

水下中近距离无线信息网络的典型特征是中高速行业市场，符合中近期产业化方向，核心价值明显，但需解决非线性水下复杂信道下高灵敏度、大视场角接收等关键问题，且与国家海洋战略相关，政策面影响大，市场规模大。

### 6. 室外拓展距离无线通信

室外拓展距离无线通信的典型特征是中低速行业市场，符合中近期产业化方向。室外拓展距离无线通信应用需求旺盛，技术要求与设备形态差别较大，典型应用领域包括车联网、舰船间通信、灯塔通信、可见光手电筒等，但多数市场规模有限。

### 7. 可见光高精度成像定位

可见光高精度成像定位的典型特征是中低速行业市场，符合中近期产业化方向。可见光高精度成像定位与机器人新兴产业以及测绘学科紧密结合，在工业机械手、家庭机器人等领域的应用前景广阔，但可见光通信是关键技术之一，不是核心技术。

### 8. 可见光隐式成像通信

可见光隐式成像通信的典型特征是低速单向大众市场，符合近期产业化方向。可见光隐式成像通信的屏幕与终端之间提供一种隐式信息传输通道，与广告新媒体等产业结合紧密，但隐式广告的应用需求、商业模式、用户体验等尚需验证。

### 9. 可见光超高速数据传输系统

可见光超高速数据传输系统的典型特征是高速行业市场，是持续的产业化方向。可见光超高速数据传输系统包括可见光高速光互联插件、可见光高速数据传输模块等。

## 05 Section 可见光通信对经济和产业的影响

### 1. 打破无线电频谱资源的限制

可见光通信不仅仅是一种无线通信技术，更是对光谱资源的开发，是解决全球无线电频谱资源匮乏的重要方法。由于现有的可用的无线电频谱资源有限，在不远的将来其频谱资源将会达到饱和状态，将会产生无法开拓更多的频谱进行应用的尴尬局面。在未来，当无线电频谱资源不能承担相应的通信速率要求和资源需求时，可见光通信的重要性将得以显现。可见光通信将帮助我们打破这样的僵局，因此它将成为下一代的无线电通信技术之一，具有广阔的应用前景。

### 2. 推动技术的变革和产业结构升级

目前 Li-Fi 产业尚未成熟，产业链有待完善，技术标准缺乏，大部分产品还处于科研阶段，由于可见光通信具有传输速度快、安装成本低、无电磁辐射等优点，其在商业方面有着非常广泛的应用前景。人们对 Li-Fi 技术充满希望。根据 Grand View Research 的研究报告显示，全球可见光通信（VLC）/Light Fidelity（Li-Fi）无线光通信市场有望在 2024 年达到 1013 亿美元，这一成长动能主要来自对于网络安全的关切与顾虑所带动。可见光通信除了是一个前景光明的新产业，也是 LED 照明、物联网和通信等领域技术结合的新成果，它可以广泛应用于交通、航空、航海、室内作业等领域。进一步说，这些应用也会随之推动相应的新型产业的发展，进而推动技术的变革和产业结构的升级。换句话说，未来的可见光通信并不仅仅局限于开灯即能上网，或是超高速的网络传输速度，而是无可限量的创新价值和应用。

### 3. 大幅提升通信传输速度

可见光通信的基础就是 LED 灯，每个 LED 灯都可以看作是一个高速的网络热点。看似每盏灯所覆盖的范围很小，但是当所有的 LED 灯集合在一起所覆盖的范围将会是一个庞大的网络。目前，全球大约具备 440 亿盏灯构成的照明网络，也就是说，可见光通信技术已经完全具备投入应用的土壤，足以使全球的所有人家、所有需要网络服务的地方得到高速的快捷的网络体验。

### 4. 扩大网络覆盖范围

由于没有电磁辐射污染、抗电磁干扰等优点，可见光通信可以应用于飞机环境中，使乘客在飞机上进行商务办公或网络通信成为可能；还可以应用于矿道、水下等工作场合。工作人员仅靠一束光就可以实现数据传输，矿工还可以通过 LED 灯被定位，使其工作更加便捷安全。

### 5. 构筑智慧生活

当可见光通信技术应用于日常生活，很大程度上改变了人们的生活习性。人们日常中所见到的灯都将是一个安全、绿色的热点。飞机上、火车上、马路边……有灯（LED）的地方就有网络。这个网络不会因为连接人数增多而变慢，也不用担心被盗用、窃听，这将是一个堪比科幻故事中的情境。

试想一下，如果未来的某一天，可见光通信技术大规模地实现并应用于生活当中，那么当你起床时，随手打开灯就可以实现高速上网；在你出差或者旅行途中，无论是乘坐飞机、火车或是轮船，伴随我们的每一个照明设备都将成为一个高速的网络热点供我们上网冲浪，或进行高清电影的下载，或与家人进行语音视频通话……可见光通信提供了一种简洁廉价的方法来实现"互联网+"。这些还只是构建智慧生活的第一步，未来可见光通信技术还将与各种传感器配合使用，使我们的生活更加智能便利。

第 19 章
Chapter 19

颠覆硅时代的 21 世纪
神奇材料——石墨烯

# 第19章 颠覆硅时代的21世纪神奇材料——石墨烯

"透明手机可缠绕在手臂上,高清电影一秒钟内下载完成,电动汽车充电几分钟便可行驶数百千米,军人穿着超轻防弹衣执行任务……"业内专家预测,所有这些看似不可思议的事情,借助石墨烯都有可能变为现实。

石墨烯是世界上目前已知的最坚硬、最薄、导电性能最好、灵活性很强的纳米材料,有"黑金子"之称,是可穿戴设备、灵活显示屏等下一代电子设备的优选材料,未来可在传感器、蓄电池、涂料等领域应用。石墨烯作为材料领域的新贵,在全球范围内掀起了一股劲爆的研发、投资热潮,被誉为"21世纪神奇材料"。

2017年,中国少年曹原在做实验过程中偶然发现石墨烯具备非常规的超导电性,经过反复实验,确认双层石墨烯堆成约1.1的微妙角度时,测试电阻为0。2018年3月,他将研究成果发表在《自然》杂志上,引发全球关注。

我国石墨资源丰富,石墨烯产业发展优势得天独厚,将石墨烯产业培育成我国经济新的增长点潜力巨大。我国在石墨烯方面的研究和开发方面表现得非常活跃,已处于国际领先水平,凭借其巨大的市场应用前景,发展被寄予厚望。

## 01 Section 什么是石墨烯

石墨烯是碳的二维结构,是由英国曼彻斯特大学的科斯提亚·诺沃谢夫和安德烈·盖姆小组在 2004 年首先发现（2010 年 10 月因其突破性贡献而获诺贝尔物理学奖）的。它是从石墨材料中利用某种技术剥离得到的单层碳原子面材料。石墨晶体薄膜的厚度小于 0.4 纳米，如果要达到一根头发丝直径大小，需要将 20 万片晶体薄膜进行叠加。

石墨烯问世之后就引起了全世界的广泛关注，兴起了研究的热潮。之所以如此，得益于它自身拥有很多优秀的特性：结构异常稳定；是已知材料中最薄的一种，并且牢固坚硬；电子在其中传播速度快，作为一种单质，其电子的传递速度为光速的 1/300，快于任何其他导体；通过对形变和应力的处理可调节石墨烯的声学、电学等特性；石墨烯强度很高，比表面积[1]非常大，是性能优秀的二维材料。

## 02 Section 石墨烯的应用与技术发展

石墨烯作为 21 世纪最具应用前景的发明之一，在光学器件、电子器件、精密制造业、柔性电子、化工、生物医疗、轻型功能部件、能源等领域具有重要应用前景。典型应用包括高速、柔性、牢固的电子消费品，更轻、更节能的机载产品，新的计算技术范式，人造视网膜，等等。它不仅为其商业化拓宽了渠道，也令这一概念在资本市场保持着持续的热度。

---

[1] 比表面积：指单位质量物料所具有的总面积，单位为 $m^2/g$。通常指的是固体材料的比表面积，如粉末、纤维、颗粒、片状、块状等材料。

# 第 19 章 颠覆硅时代的 21 世纪神奇材料——石墨烯

根据近几年专利分布的分析结果可知，石墨烯的相关技术研究与产业化发展迅速，技术及应用研究热点包括石墨烯用于半导体器件材料、能源（电池）材料、透明显示触摸屏材料、薄膜晶体管制备与复合材料制备等。具体来看，目前石墨烯技术研发主要集中在以下四个领域。

## 1. 储能和新型显示领域

石墨烯是一种透明导电电极材料，由于具有极好的透光性和导电性，因而在触摸屏、储能电池、液晶显示等方面有很好的应用。特别是在触摸屏制造中，多家龙头企业（如三星、辉锐、索尼、东丽、3M、东芝等）都在此领域做了重点研发布局，进而石墨烯被誉为最有潜力替代氧化铟锡的材料。美国密歇根理工大学研究人员研究得到了独特蜂巢状结构的三维石墨烯电极，凭借其光电转换效率达到 7.8%，并且价格低廉的优点，在太阳能电池应用方面有望替代铂；美国德州大学奥斯汀分校的科学家研发了一种多孔结构的石墨烯，其超级电容的储能密度接近铅酸电池；东芝公司研发出了石墨烯和银纳米线复合透明电极。

## 2. 半导体材料领域

石墨烯被誉为是取代硅的理想材料，目前大批有实力的企业均对石墨烯半导体器件进行了研发。美国哥伦比亚大学科学家开发出了一种石墨烯-硅光电混合芯片，其在光互连和低功率光子集成电路领域中被广泛应用；韩国成均馆大学研发的高稳定性 N 型石墨烯半导体，具有可以长时间暴露在空气中使用的特点；IBM 公司的研究人员开发出的石墨烯场效应晶体管截止频率高达 100GHz，其频率性能远优于具有相同栅极长度的最先进硅晶体管（40GHz）。

### 3. 传感器领域

石墨烯凭借其特有的二维结构,以及表面积大、体积小、响应时间快、电子传递快、灵敏度高、易于固定蛋白质同时保持其活性等诸多优点,从而提升了传感器的各项性能,故在传感器领域中被广泛应用。主要应用于生物小分子、气体、酶和 DNA 电化学传感器的制作。美国伦斯勒理工学院研发出的石墨烯海绵传感器,价格低廉,且性能远超现有商用气体传感器;新加坡南洋理工大学研制出了高灵敏度石墨烯光传感器,其敏感度是普通传感器的 1000 倍。

### 4. 生物医学领域

石墨烯及其衍生物的广泛应用还体现在生物检测、肿瘤治疗、纳米药物运输系统、生物成像等方面。利用石墨烯为基层研发的生物传感器或生物装置,被应用于细菌分析、DNA 和蛋白质检测等。例如,美国宾夕法尼亚大学研发出可以快速完成 DNA 测序的石墨烯纳米孔设备。虽然石墨烯在生物医学领域的应用研究仍为起步阶段,但未来必定成为产业化发展前景最为广阔的应用领域之一。

## 03 Section 产业发展现状

石墨烯因其在电学、力学、热学、光学等方面的独特表现,得到了人们极大的重视。石墨烯产业已成为一个"不以价格竞争模式发展、真

## 第 19 章　颠覆硅时代的 21 世纪神奇材料——石墨烯

正依靠不断创新前行的产业"。

石墨烯全产业链如图 19-1 所示,上游主要是石墨烯原材料的提取;中游是将石墨烯制成石墨烯薄膜或其相关化合物;下游则是利用薄膜或化合物制作终端产品。目前,全产业链均处于不断的技术革新中,逐渐积累技术优势,任何一项技术的突破对于整个石墨烯产业的发展,均具有重要的意义。下面我们具体讨论其产业发展现状。

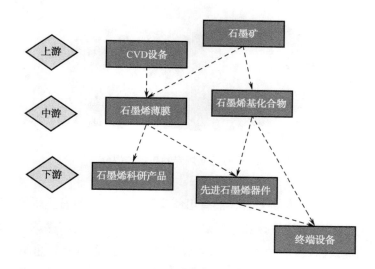

图 19-1　石墨烯全产业链

### 1. 产业领域

根据石墨烯全产业链可知,石墨烯产业发展的重点是下游部分,即利用石墨烯的高强度、高导电性及传热性等特性,在电子、航空航天、电池、超级电容器、新能源、新材料等诸多领域产生神奇的化学反应,研发出性能优越的器件或终端设备。但由于其对技术创新的高要求,很多应用一直都处于研究阶段。

根据石墨烯领域相关的专利分析结果，与石墨烯技术相关的专利最早出现在 2002 年，在 2008 年之后出现快速增长。根据图 19-2 所示的专利类型分布可知，下游应用是研发的重点领域，而制备方法及新材料方面也有大量的专利出现，符合石墨烯产业发展的方向。

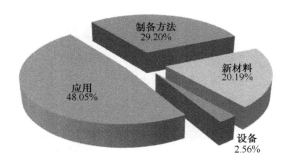

图 19-2　全球石墨烯专利技术类型分布

从目前的技术发展来看，最有可能实现工业化使用石墨烯的下游行业是复合材料领域和显示技术领域。复合材料也是目前石墨烯最大的产业化应用领域。目前的显示器件中应用最广泛的导体材料是氧化铟锡（ITO），将石墨烯作为导体材料制成显示器件，将增强器件的柔韧度，制成可以折叠的薄膜显示器。业内预计，石墨烯在显示技术领域的应用将是下一个能够产业化应用的领域。另外，将石墨烯添加到涂料、塑料、橡胶基体中，可以大幅增强产品的性能，如强度、柔韧度、导电性及传热性等。

根据赛迪研究院报告显示，2018 年我国石墨烯产业市场规模已经达到 100 亿元，较 2015 年的 6 亿元实现年均增长超过 100%，初步形成了以新能源、涂料、大健康、节能环保、化工新材料、电子信息为主的六大产业化应用领域，其中在新能源领域的市场规模占比超过60%。

### 2. 相关公司与产品

石墨烯应用前景广阔，随着国内部分公司如中国宝安、金路集团、华丽家族等典型代表，对石墨烯的相关业务的逐步投入，产业开发热潮即将来临。乐通股份、方大碳素、中钢吉炭、南都电源等公司也涉足了石墨烯业。国内的研究机构主要有中科院金属所、化学所、上海硅酸盐所、重庆绿色智能技术研究院、山西煤炭化学研究所、清华大学、中国科学技术大学、华为公司、中航工业集团等。

中国宝安开发业务主要包括：石墨烯透明导电薄膜及导电添加剂等应用；金路集团在石墨烯研发及产业化方面，主要是与中国科学院金属研究所展开平等互利的合作；华丽家族的石墨烯项目主要依托宁波墨西科技有限公司和重庆墨希科技有限公司从事石墨烯的相关生产、销售、研发等技术服务。

### 3. 产业规模

石墨烯在应用中显示出了优异的性能，特别是在电子和高分子材料方面显示出了优越的性能，产业化进程的速度极快，产业规模正迅速扩大。虽然石墨烯产业化从2004年发现至今，步伐不断加速，但目前行业行为主要是战略性布局，产业化仍停留在准备期，石墨烯整个产业链未实现疏通与整合，无法形成规模化的稳定生产能力。

石墨烯的一项重要应用就是可穿戴设备，预测未来若干年其销量有望达到数百亿美元，因此，石墨烯的开发技术的准确掌握将成为公司参与市场竞争的关键。关键技术实现后，产业规模将呈指数式增长，未来5~10年，全球石墨烯产业规模会超过1000亿美元。

## 4. 不可小觑的中国力量

Lux 研究公司（波士顿）曾报道，在碳纳米管及石墨烯的研究制造方面，中国已经处于全球领先地位。随着碳纳米管产能增加及利用率提高，未来其价格将继续下降，进一步挤压纳米材料的利润率。

结合"大众创业、万众创新"的要求部署，石墨烯的研发及产业化被确定为战略新兴产业得以快速发展。中国已经成为全球石墨烯制造的领先者，图 19-3 为全球石墨烯领域专利技术产出量的排名前三位的国家占比，我国在全球石墨烯技术研发中居于重要地位。我国在加大石墨烯产业投入的同时，非常关注知识产权的保护；我国的石墨烯相关专利申请始于 2004 年，至 2010 年后开始增长迅速。2014—2019 年，我国石墨烯相关的专利数量始终位居全球首位，2019 年占到全球的 70%以上。但需要说明的是，数量并不能代表技术的先进性，更不能代表产业化程度，目前专利主要来自高校及科研院所的实验室产品，工艺和制造技术仍显落后，产业化仍有很长的路要走；同时也乐观地看到中国正迅速追赶，差距在进一步缩小。

## 第 19 章  颠覆硅时代的 21 世纪神奇材料——石墨烯

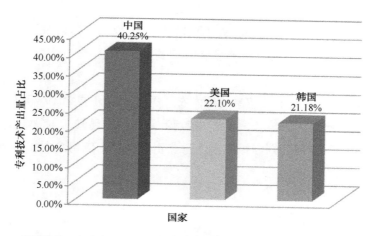

图 19-3  全球石墨烯专利技术产出量排名前三位的国家及占比

"中国石墨烯产业技术创新战略联盟"于 2013 年 7 月正式挂牌成立，该技术联盟以提升石墨烯产业技术创新能力作为发展目标，联合了国内进行石墨烯技术研发的高校、科研机构和相关企业，兼顾原始技术的基础创新与产业化发展需求。目前我国已落地多个石墨烯产业化基地，具体如下：

- 第六元素材料科技股份有限公司（常州）。2013 年该公司建成大规模制备、全自动控制的粉体石墨烯生产线，目前该公司已上市。
- 石墨烯产业园（无锡）。该产业园是由"中国石墨烯产业技术创新战略联盟"与无锡市合作共建，是国内成立的首个开展石墨烯技术研发及产业应用创新示范基地。
- 石墨烯产业创新基地（青岛）。该基地由"中国石墨烯产业技术创新战略联盟"与青岛高新区共同建立，致力于石墨烯等新材料全产业链的创新与应用。
- 墨西科技有限公司（宁波）。该公司成立于 2012 年 4 月，引进的石墨烯低成本量产技术，确保石墨烯的导电和导热性能。

此外，北京、上海、成都、哈尔滨等多地也加大推动石墨烯技术产业的发展，促进其产品化、商业化进程的快速推进。

2019年9月工业和信息化部发布《关于组织开展2019年度工业强基工程重点产品、工艺"一条龙"应用计划工作的通知》，首次提出石墨烯"一条龙"应用计划申报指南，旨在引导生产、应用企业和终端用户行业加强联合。

### 5. 存在的问题

石墨烯产业化发展是一项系统工程，涉及众多学科与产业，欲寻找发展突破口，必须通过资金、产业、服务、创新等多个方面进行融合。

一方面，石墨烯受制于制备过程中的高成本和低质量，目前绝大多数企业仍处在小批量生产的摸索阶段，未实现量产，大多数高校、科研院所也仍处于科研阶段。

另一方面，石墨烯下游产业未实现应用领域技术突破，无法满足规模化需求。我国石墨烯相关技术产品主要集中在科研单位、企业研发部门。高校及相关科研单位与生产企业对接不顺畅，缺乏有效沟通；研发存在重基础科学而轻实用技术的现象，无法催生应用领域的市场需求，无法实现石墨烯的规模化应用。

由于石墨烯在电学、力学、热学及光学等方面的独特性，很多企业、机构纷纷涉足石墨烯，但主要以初创期的中小微企业为主，尚未形成自我造血功能。截至2019年4月，在工商部门注册，涉及石墨烯相关业务的企业及单位数量达到10474家，但实际开展业务的仅有3000多家。反

# 第19章 颠覆硅时代的21世纪神奇材料——石墨烯

观发达国家,涉足石墨烯的都是三星、IBM、英特尔、巴斯夫等行业巨头,研发投入巨大,关注的都是相对来讲比较高端、前沿的领域,如可穿戴技术、半导体、生物医药等。

此外,目前在知识产权转移、相关的检测标准、产业与金融对接、应用及验证体系、产学研合作等方面并不完善,没有形成相应的资源共享机制,所谓技术优势呈现"碎片化"特征,产业上游与下游资源分割,严重制约产业的纵深发展。

## 04 Section 对经济和社会的影响

由于石墨烯在新材料、新能源、航天军工、电子科技等领域具有巨大的潜在应用价值,因此,受到各国政府、科研院所及资本市场的追捧,必将对社会产生深远影响。

### 1. 各国政府加大投入

美国、欧盟、亚太地区等已将石墨烯的相关技术确定为未来技术创新竞争的焦点。

- 美国于2013年在纽约州成立"石墨烯利益相关方联合会",旨在通过教育培训、技术合作、科学交流等方式促进研究人员、大学、政府机构和企业等成员的合作开发,推动石墨烯相关技术的发展。
- 欧盟于2013年将石墨烯确定为"未来新兴旗舰技术项目",获得

10亿欧元的经费支持。
- 日本早在2000年就通过了石墨烯领域的第一项专利,技术研发早于其他国家,积累了大量技术专利,目前政府在大力鼓励各研究机构开展合作,推动应用推广。
- 韩国将石墨烯确定为未来革新产业的重要部分,已有近50家企业、研究机构共同组建石墨烯联盟,布局相关技术领域。

### 2. 颠覆硅时代

晶体硅的应用,改善了电子管的笨重、能耗大、寿命短、噪声大、制造工艺复杂等缺点;而石墨烯的导电性、导热性显著优于晶体硅,效率高,是最有可能成为未来集成电路的制造材料,有望打破半导体产业流传的摩尔定律。相关人士声称,石墨烯替代硅将是未来最大的颠覆!

### 3. 新能源电池的重要研究方向

未来可基于石墨烯研发的新能源电池,功能强大,能量储存密度比传统超级电容高30倍,功率密度比传统锂电池高100倍。正是由于其强大的性能,基于石墨烯的电池有望使电动汽车、可穿戴设备等系列高科技产品在节约成本的情况下,性能得到大幅跃升。

### 4. 智能终端新模式

石墨烯的轻薄、坚硬、高透光性、高导电性等优良特性,使未来的智能终端兼顾强大的功能与酷炫的外表;依靠石墨烯器件未来或可实现一秒钟内下载一部高清电影,终端充电时间缩短到一分钟等。很多科技巨头,如华为、三星、IBM等,都在研究石墨烯应用终端的技术解决方案。这些技术方案一旦实现必将改变智能终端的体验，影响人们的生活，导致智能终端领域重新布局。

### 5. 改良传统工业材料

石墨烯可用于新涂料的研发，制备纯石墨烯涂料和石墨烯复合涂料。石墨烯涂料主要是指借助纯石墨烯在金属表面的导电、防腐蚀等作用而制作的功能涂料；石墨烯复合涂料主要是指利用石墨烯与聚合物树脂复合形成的复合材料制备相应的功能涂料。此外，还可用于需要散热的物件，如 LED 设备散热、工业设备散热、汽车零部件散热等行业。

# 第 20 章
## Chapter 20

# 3D 打印：制造业未来的技术

2015年10月，国际恐怖极端组织伊斯兰国（ISIS）冲进有2000年历史的叙利亚巴尔米拉古城，摧毁了这座古老城市的珍宝——凯旋门，震惊整个世界。2016年4月，在英国伦敦特拉法加广场，人们用3D打印技术完美重现了巴尔米拉古城贝尔神庙的凯旋门，象征着对于暴力的反抗。不知不觉中，这项原以为只有标新立异或高端设计才用的"第四次工业革命最具标志性的生产工具"已经走进了我们的视野，正在改变着我们的生活。其发展态势之迅猛让我们不得不相信，也许真的如某些人预言的那样，3D打印是可以复制人类文明的技术。

## 01 Section　什么是3D打印技术

　　3D打印以计算机三维设计模型为蓝本，通过软件分层离散和数控成形系统，利用激光束、热熔喷嘴等方式将金属粉末、陶瓷粉末、塑料、细胞组织等特殊材料进行逐层堆积黏结，最终叠加成形，制造出实体产品，3D打印技术流程如图20-1所示。

　　3D打印是数字化技术发展到一定阶段的产物，将传统切削技术转变为材料分子叠加技术，因此也有人将传统制造技术称为减材制造技术，而将3D打印技术称为增材制造技术。通过这种数字化，只要有计算机图形，有相应的材料，就可以塑造任何能想象的产品。目前除了模具制造、工业设计用来建造模型以外，现在该技术正向产品制造的方向发展，形成"直接数字化制造"。

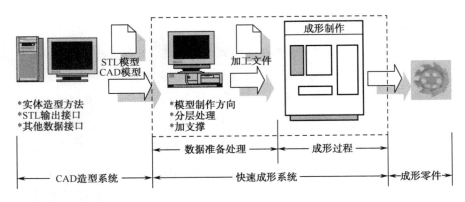

图 20-1 3D 打印技术流程

因此,3D 打印技术并无玄妙之处,其运作原理和传统打印机工作原理基本相同,不过就是将打印机的墨水换成了产品所需要的树脂、塑性材料等,然后通过计算机辅助设计软件,利用 FDM 技术把原材料进行堆积,形成设计蓝图中的实物。由此可见,与传统制造业通过模具、车铣等机械加工方式对原材料进行定型、切削以最终生产成品不同,3D 打印的过程不过就是将三维实体变为若干个二维平面,通过对材料处理并逐层叠加进行生产。

## 02 Section 3D 打印的技术基础

严格意义上讲,3D 打印并不能称为新兴技术。如图 20-2 所示,3D 打印思想起源于 19 世纪末的美国,20 世纪 80 年代得以发展和推广,直到 2010 年才在各行各业得到重视,全球各大咨询公司和智库几乎无一例外地将 3D 打印技术或增材制造技术列入影响未来的颠覆性技术之一,并预测到 2025 年 3D 打印的经济影响为 2000 亿~6000 亿美元。也许正

# 第20章 3D打印：制造业未来的技术

如中国物联网校企联盟所言，3D打印是"上上个世纪的思想，20世纪的技术，这个世纪的市场"。因此其革命性的意义在于应用而非技术本身。

- 1984年，美国人Charles Hull发明立体光刻技术，可打印3D模型。
- 1986年，3D Systems公司成立，专注发展增材制造技术。
- 1988年，3D Systems公司推出SLA-250成形机，标志着快速原形技术的诞生。
- 1988年，Stratasys公司成立，可以用蜡、ABS、PC、尼龙等热塑性材料制作物体。
- 1989年，C.R.Dcchard发明Selective Laser Sintering，利用高强度激光将材料粉末烧结，直至成形。

- 1992年，Helisysv发明Laminatcd Object Manufacturing，利用薄片材料、激光、热熔胶来制作物体。
- 1993年，美国麻省理工大学Emanual Sachs教授发明Three-Dimensional技术。
- 1995年，Z Corporation公司获得美国麻省理工大学许可，生产3D打印机。
- 1996年，3D Systems、Stratasys Z Corporation分别推出Actua 2100、Genisys、Z402，第一次使用"3D打印机"的称谓。

- 2005年，Z Corporation发布Spectrum Z510，是世界上第一台高精度彩色增材制造机；英国巴恩大学Adrian Bowyer发起开源3D打印机项目RepRap。
- 2008年，美国一家公司通过增材制造首次为客户定制了假肢的全部部件。
- 2009年，首次使用增材制造技术造出人造血管。
- 2009年，美国ASTM成立F42专委会，将各种快速成形技术统称为"增材制造"技术。

- 2011年，英国工程师用3D打印机造出世界首架无人驾驶飞机，成本约5000英镑。
- 2011年，I Matcrialisc公司提供以14K金和纯银为原材料的3D打印服务，可能改变珠宝制造业。
- 2012年，Defense Distributed创始人Cody Wilson决定开发全球首款利用3D打印技术制造的手枪。
- 2013年，美国Softkill Design建筑设计工作室首次提出3D技术打印房屋的概念
- 2014年，美国汽车公司打造世界首款3D打印汽车——斯特拉迪，成本约3500美元，制造周期44个小时，该车最高时速达每小时80千米。

图20-2 3D打印技术发展简史

较成熟的3D打印技术主要有以下四种方法。

- 光固化成形（Stereo Lithography Apparatus，SLA），该方法的优点是制造精度高、表面质量好，并且可以制造形状复杂的零件，但是，制造成本高、后处理复杂。
- 叠层实体制造（Laminated Object Manufacturing，LOM），该方法只需要加工轮廓，加工速度快、强度高，但是精度较低。
- 电子束熔化成形（Electron Beam Melting，EBM），该方

法的特点是成形材料广泛，理论上只要将材料制成粉末即可成形。另外，在 EBM 成形过程中，粉床充当自然支撑，可成形悬臂、内空等其他工艺难成形的结构。但是，EBM 技术需要价格较为昂贵的电子束发射器，成本较其他方法高，在一定程度上限制了该技术的应用范围。

- 熔丝沉积成形（Fused Deposition Modeling，FDM），该方法无需价格昂贵的激光器和光路系统，成本较低，易于推广。但是，该方法对成形材料限制较大，并且成形精度相对较低，是限制该技术发展的主要问题。

增材制造"以信息技术为支撑，以柔性化的产品制造方式来最大限度地满足企业和个人无限丰富的定制化和个性化需求"。如果没有几何模型的计算机设计和对其进行分层解析的软件技术，没有能够控制激光束（电子束、电弧等高能束）按任意设定轨迹运动的振镜技术、数控机床或机械手，核心的柔性化特征将无法实现。因此，3D 打印是"信息化或数字化增材制造技术"，其未来发展的关键突破点也是在信息技术领域。

## 03 Section 3D 打印的应用前景

### 1. 主要应用领域

（1）日常生活领域

目前，3D 打印在民用领域应用广泛，已经打印出了服装、鞋、灯罩、

# 第20章　3D打印：制造业未来的技术

珠宝、小提琴等多种类型的产品。

（2）航空航天和国防工业领域

航空航天和国防工业领域的3D打印应用规模近年来增长迅速。按照销售规模排名，3D打印在航空航天和国防工业的应用规模占比分别为14.8%和6.6%。波音公司已经利用3D打印技术制造了大约300种不同的飞机零部件，目前，正在研究打印出机翼等大型零部件。空客A380使用3D打印技术制造了行李架，"台风"战斗机使用3D打印技术制造了空调系统，其概念客机将于2050年前后由3D打印机"打印"制造。2013年3月7日，美国普惠洛-克达因公司采用选择性激光烧结技术（SLS）制造了J-2X火箭发动机的排气孔盖，在恶劣环境下进行了试验并取得了成功。2018年6月22日，在第十三届中国重庆高新技术成果交易会暨第九届中国国际军民两用技术博览会上，俄罗斯托木斯克理工大学带来了全球首个用3D打印制造的卫星。该卫星为微小卫星，其外壳部分均由特制的3D打印机打造，内部装有相应电路设备，可实现声音信号传播与数据测试两个功能。

（3）医疗领域

美国已经研发出能够打印牙齿、皮肤、软骨、骨头和身体器官的"生物打印机"。2013年8月7日，我国杭州电子科技大学自主研发一台生物材料3D打印机，并成功打印出人类耳朵软骨组织、肝脏等器官。2019年4月15日，以色列特拉维夫大学的一个研究小组宣布，他们已经成功在3D打印技术的帮助下，使用人体生物组织，打印出全球首颗完整心脏。这颗心脏虽然长度只有2.5厘米，大小与一颗兔子心脏相仿，但它拥有完整的细胞、血管和心腔。

（4）工业领域

2014年10月10日，全球首款3D打印汽车——斯特拉迪亮相，由"本地汽车"公司打造，整辆汽车成本约为3500美元，制造周期为44个小时，该车最高时速可以达到80千米。

2019年9月16日，世界上第一个完全3D打印制造的城市生物多样性栖息地装置"创世纪生态滤网"在德国柏林一场媒体活动中亮相。该装置可以为植物和昆虫提供栖息地。

## 2. 发展趋势

随着互联网、移动互联网、物联网、工业大数据、工业4.0等信息技术的发展和材料技术的不断进步和应用，未来3D打印技术将向通用化、智能化、敏捷化等方向发展，3D打印将与传统制造模式长期并存、融合发展。

（1）设备通用化和智能化

随着3D打印技术的逐渐成熟，低价3D打印机市场将快速扩张。3D打印机将会变成家庭或企业的普及产品，成为通用化的必需品。所以，未来结合大数据、人工智能等技术，使3D打印机具备智能识别和反馈功能，让3D打印机变得更聪明、更智能将成为必然趋势。

（2）材料种类和性能多元化

随着3D打印在不同领域应用范围的扩展以及多元材料同时打印工

艺的发展，用户对打印材料种类和性能有了更高的要求。在军事领域，需要发展面向 3D 打印的特殊合金、钒合金、铝合金、记忆合金、阻尼合金等具有特殊用途的材料。

（3）生产分布式和敏捷化

云计算、移动互联网、大数据等新一代信息技术的发展，催生了众包、众筹等新型制造模式。虽然目前 3D 打印在生产效率和精度等方面还存在不足，但未来随着 3D 打印与新一代信息技术的结合，建立工业云平台、工业大数据平台将有效整合制造资源，实现分布式制造，有效弥补 3D 打印生产效率和精度等方面技术的缺陷。3D 打印适合个性化定制的特点，将对传统大批量制造模式产生巨大冲击。

（4）两种制造模式长期并存，融合发展

3D 打印可以制造复杂、个性化的零部件，有效弥补传统工艺的不足。但是，目前 3D 打印在制造精度、力学性能、生产效率等方面仍然面临瓶颈，短期内难以超越传统制造。所以，3D 打印与传统制造各具优势，在未来一段时间，将形成两种制造模式相互交叉融合、长期并存的局面。

目前，日本松浦机械制作所和美国 Fabrisonic 公司已经开始尝试将铣削技术和 3D 打印技术融合，国内的沈阳新松机器人自动化股份有限公司也已经开始进行 3D 打印复合技术开发，实现了随型流道注塑模具、叶片、螺旋桨及其他复杂零部件的快速制造。

### 3. 面临的问题和挑战

（1）速度与精度需要提高

3D 打印的速度和精度之间的矛盾是长期存在的一个问题。目前，3D 打印金属零件的最高堆积速度（加工速度）大约为每小时 70 立方厘米，与高速铣削还有较大差距。3D 打印本身的加工速度和精度还远未达到人们理想的状态，有待同时提高。

（2）材料和性能需要突破

打印材料是目前 3D 打印技术的关键，3D 打印技术在各领域的应用和推广，需要研究适应于各领域的材料。制定材料和工艺标准将是 3D 打印技术亟待解决的问题。

（3）极大、极小尺寸的成形能力不足

目前 3D 打印的成形尺寸大多在 1 米以内，而且分层厚度较大。由于 3D 打印自身的特点，其在大尺寸零件或微小精密零件成形方面显得能力不足。虽然近年来研制了一些面向大尺寸和小尺寸打印的 3D 打印机，如 2014 年 8 月 20 日，德国 Nanoscribe 科技公司打印出长为 125 微米的飞船，相当于人类发丝直径，但是这些技术尚处在研发阶段，离大规模生产应用还有较大差距。

## 第20章　3D打印：制造业未来的技术

（4）工艺稳定性需要提升

要生产高精度、高质量的产品，必须提高打印工艺的稳定性。此外，喷射扫描模式、粉末层厚度以及压实密度、喷嘴至粉末层的距离等工艺参数都会直接影响3D打印的精度和速度。

（5）产业发展环境有待完善

随着3D打印技术的发展，与其相关的知识产权保护、行业标准制定等影响产业发展的环境有待进一步完善。

## 04 Section　未来市场空间预测

### 1. 全球3D打印市场空间预测

根据2020年3月赛迪研究院发布的《2019年全球及中国3D打印行业数据》，2019年，全球3D打印产业规模达119.56亿美元，增长率为29.9%。在全球3D打印产业中，美国产业规模占全球比重的40.4%。德国是仅次于美国的世界第二大3D打印设备供应商，也是仅次于美国的第二大3D打印材料和服务的提供者，产业规模占全球比重约为22.5%。中国整体产业规模略低于德国，占全球比重约为18.6%。日本和英国在3D打印材料和设备领域也有一定规模，分别占全球产业规模的8.2%和6.3%。

针对 3D 打印技术的快速发展和推广，众多机构和学者对 3D 打印产业的未来市场空间进行预测，应用市场将是带动 3D 打印技术跨越的决定性力量。

根据调研机构 Mordor Intelligence 的一份报告显示，2020 年 3D 打印市场价值为 137 亿美元，预计到 2026 年将达到 634.6 亿美元，预测 2021—2026 年复合年增长率为 29.48%。

虽然技术的炒作和潜在经济影响之间的关系尚不明确，但有公司预测未来 3D 打印技术可能对全球 12% 的劳动力（3.2 亿制造业工人）产生影响，影响约 11 万亿美元 GDP 的创造。

总体来看，知名机构对于未来 3D 打印市场规模和增长速度的预估虽然存在一定的差异性，但对于未来 3D 打印市场的潜力均持乐观态度。毋庸置疑的是，随着 3D 打印设备成本的下降和配套服务的完善，未来的 3D 打印市场的应用领域会不断拓宽，3D 打印技术直接或者间接影响的经济规模会逐渐扩大。

## 2. 中国 3D 打印市场空间预测

根据 CCID 公布的数据显示，2019 年，中国 3D 打印应用服务产业结构中，工业领域应用服务产业规模为 29.23 亿元，占比为 64%；消费领域应用服务产业规模为 16.44 亿元，占比为 36%。根据赛迪研究院发布的报告显示，中国 3D 打印产业规模为 157.5 亿元，较上年增加 31.1%，增加速度要略快于全球整体增速。

根据前瞻产业研究院预测，未来几年我国 3D 打印产业年均增速在

25%以上，到 2025 年，我国 3D 打印市场规模将超过 630 亿元。

（1）政治环境方面

国家鼓励"大众创业、万众创新"，为 3D 打印的发展提供沃土。3D 打印作为一种智能制造技术受到政策重视。2015 年 2 月，工业和信息化部、国家发展改革委、财政部联合发布《国家增材制造产业发展推进计划（2015—2016 年）》，其中明确指出要在 2016 年建立较为完善的增材制造产业体系，整体技术水平保持与国际同步，在航空航天等直接制造领域达到国际先进水平，在国际市场上占有较大的市场份额。增材制造产业销售收入实现快速增长，年均增长速度 30%以上。2019 年 12 月，工业和信息化部关于印发《重点新材料首批次应用示范指导目录（2019 年版）》的通告，其中公布了 6 项与 3D 打印相关的重点新材料，分别为 SLA 3D 打印材料用脂环族环氧树脂、3D 打印用合金粉末、聚乳酸、3D 打印有机硅材料和高速熔覆用合金粉末材料。2020 年 2 月，国家标准化管理委员会、工业和信息化部、科技部、教育部等六部门联合印发《增材制造标准领航行动计划(2020—2022 年)》，提出到 2022 年，立足国情、对接国际的增材制造新型标准体系基本建立。

（2）经济环境方面

当前我国整体经济存在下行压力，传统制造业亟待转型升级；中国作为传统制造业大国，在发达国家"再工业化，制造业回流"以及发展中国家低成本优势显现的大背景下，加快发展 3D 打印技术是我国由制造大国迈向制造强国的有效途径之一。

(3) 社会文化环境方面

我国老龄化问题日益凸显，人口红利渐失，劳动力成本上升，亟待新型生产方式来提高生产效率和效益，这为 3D 打印的发展提供了动力；我国消费者个性化需求增多，3D 打印契合这样的趋势；受以美国为首的世界 3D 打印热潮席卷以及媒体和政府关注度的提高，中国 3D 打印升温，民众和企业对 3D 打印的认知度提高。

(4) 技术环境方面

国外 3D 打印相关技术专利陆续到期（FDM：2009 年到期；SLA：2014 年到期；DLP：2015 年到期），为我国发展 3D 打印提供了一定的技术便利。目前，传统制造方式已不能很好地满足人们在生产和生活方面日益增长的需求，3D 打印是一个很好的补充；此外，产学研结合更加紧密，技术转化能力强大。

综上所述，无论是政治、经济、社会文化还是技术都为 3D 打印在中国的发展提供了很好的环境。中国在 3D 打印领域虽然起步晚，技术相对落后，但是拥有最大的潜在市场。自 2013 年 3D 打印在我国真正火起来，其市场规模就一直保持翻倍式增长。在上述多因素共振以及巨大潜在市场空间优势影响的情况下，未来几年中国 3D 打印市场规模增长速度将高于全球水平。

## 05 Section 典型应用案例

### 1. 3D 打印技术复原天龙山石窟

太原天龙山石窟是国家重点文物保护单位,主要雕刻于东魏、北齐及唐代,以形象写实、比例适度、生活气息浓郁著称,是中国石窟艺术最高成就的代表作之一。20 世纪初,海外学者关野贞、喜龙仁、斯德本等人先后对天龙山石窟进行考察发现,由于大量海外文物商人勾结当地不法之徒大肆盗卖石窟造像,使得天龙山石窟成为我国被摧残破坏最严重的石窟。

由美国芝加哥大学东亚艺术中心主持的天龙山石窟 3D 复原项目取得阶段性成果,130 多件石窟残件的数字化工作已完成。

天龙山石窟 3D 复原项目通过 3D 打印技术,对散落于全球 30 余家博物馆以及部分私人藏家手中的石窟造像进行逐一扫描、采集、比对、复原,将它们栩栩如生地展示在世人面前。

据悉,上述成果将择期举办巡回展,展示用 3D 技术打印出的造像,也将展示少量造像原件,同时还将运用三维立体投影技术,再现天龙山石窟的一个或几个洞窟的虚拟实境,观众可以 360 度观察石窟里的造像,获得比参观实物更为细致、全面的体验。

## 2. 美国最新 3D 打印技术

美国南加州大学的"轮廓工艺"3D 打印技术项目，由美国国家航空航天局出资赞助。该 3D 打印机工作速度非常快，24 小时能够打印出一栋两层楼高、2500 平方英尺（约 232 平方米）的房子。据"轮廓工艺"项目负责人、南加州大学教授比赫洛克·霍什内维斯介绍，"轮廓工艺"其实就是一个超级打印机器人，其外形像一台悬停于建筑物之上的桥式起重机，两边是轨道，而中间的横梁则是"打印头"，横梁可以上下前后移动，进行 $X$ 轴和 $Y$ 轴的打印工作，然后一层层地将房子打印出来。

# 第 21 章
Chapter 21

# 未来图景

# 01 设想未来的某个场景

早上醒来，房间的光线慢慢变亮。眼睛逐步适应后，窗帘自动开启。望向窗外，空气异常洁净。今天穿什么衣服呢？大脑感应器得到我们的疑问，面前立即呈现出我们穿上各种衣服的立体图像。就这件红色T恤和黑色裤子吧。衣柜自动分检出所需的衣物。洗漱完毕后，下楼沿着小区内的公园散步，呼吸一下新鲜的空气，感受一下鸟语花香，心情变得舒畅起来。散完步，想起还没吃早餐。此时，我们的智能厨房感受到了脑海中的呼唤，呈现出早餐图像。在选定早餐后，回到家中，门口的自动识别系统做出主人归来的判断之后，自动打开大门。等候在门口的阿蒙（机器人）已经把拖鞋放在了脚边。穿上拖鞋，走到餐桌旁边坐下，早餐已经做好，阿蒙把碗筷摆放整齐。吃早餐的同时，我突然想看看今天的新闻。电视机听到我的指令，自动跳出新闻频道，播放早间新闻。新闻中提到中国通过基因编辑技术生产出一种新口味的桃子。基因编辑？这是什么技术，正在我疑惑之际，电视机侧面弹出一个新的屏幕为我立体呈现出了基因编辑技术的原理、进展和应用。

吃完早餐，我想去拜访一下我的同学李亮，他最近正在研究如何实现与远在火星上的舅舅瞬时通话。我通过网络通话系统接通了李亮，我面前立刻呈现出李亮的身影，我俩面对面（虚拟的李亮）地询问了一下各自的近况，并约定到梦幻咖啡馆见面。出门的时候，我呼叫了滴答出租公司。当我走出门后，一架无人机停在我面前，我登上了无人机后，告诉无人机到梦幻咖啡馆，无人机立刻给我呈现出了梦幻咖啡馆的图景，

## 第 21 章　未来图景

我点了点头后，无人机关闭舱门，平稳起飞，几分钟后，我来到了梦幻咖啡馆的门口。门口的美女机器人小茜将我带到我预约的座位，李亮竟然已经坐在那里喝上泡好的咖啡了。在我惊讶之余，李亮告诉我，他订购的瞬时移动太空舱刚到货，不但可以在太空中使用，还可以在地球上使用，速度超快，但是会有点失重的感觉。那它使用的是什么电池？李亮说好像是一种比核能密度还高的能源电池。一颗纽扣大小的电池能用好几个月呢！李亮问我，想喝点什么？我朝小茜眨了眨眼，她立刻微笑地走过来，并向我呈现出各种口味的咖啡立体图像，我指了指其中的一种，立刻飘来这种咖啡的味道，还不错！我点了点头，小茜很快把我要的咖啡端了过来。李亮说，最近有人破解了区块链技术，能够窃取账户中的电子货币，你可要小心啊！这也太可怕了！我赶紧查看了自己的账号，还好，钱还在。我说，如果使用量子加密技术，那就不能被破解了。喝完咖啡后，全球支付系统已经自动从我的账户中扣除了咖啡的费用。

走出咖啡馆，我俩来到了星球作战体验中心，进行一场同外星人的作战体验。我和李亮一起手拿激光束，同一个虚拟外星人展开了搏斗。大汗淋漓后，终于战胜了对手……我们休息了一会儿，李亮说，咱们高中同学王大锤前段时间用会飞的滑板做极限运动时，手臂和肝脏受损，正在接受治疗，要不我们去医院看看他？我说好啊。于是，我们来到医院，在康复室找到了王大锤。他已经移植了用自身细胞培育的肝脏，手臂也安装了外骨骼机器人——神采飞扬，一点不像受伤的样子。王大锤给我们介绍了现代医疗的方便性。医生在医疗机器人的辅助下，可以很准确地定位受伤部位，并采用可视化技术进行微创手术，对受伤部位进行修复。看来以后不用怕手术了。正聊着的时候，我的公司老总与我视频通话，布置了这段时间的工作任务。我旋转了一下我衣服上的一个纽扣，空中出现了我的办公屏幕，李亮和王大锤与我一起对我的设计方案进行了讨论，然后关闭了电脑。我和李亮告别了王大锤，一起去参观了国家远古动物园。这里的动物都是提取早已灭绝的远古动物的DNA，重造的生物。有的甚至对基因进行了改变，形成了新的生物……

## 02 Section 人类的想象关乎未来

  这些场景真的会出现吗？有可能，笔者认为这是未来生活的一部分。回头看看，我们今天的日常生活比100年前科幻小说描述的还要奇幻。过去电影、小说里的场景，几年或者几十年后有可能变成现实。不可否认，今天的想象将成为明天的现实生活。至于原因，不知是人类的想象力太丰富，还是需求必然带动技术的发展，还是技术必然用来解决人类的需求。总之，技术是人类大脑的集体智慧，它是否也有自己发展的规律？这种发展和人类的想象是否有某种关联？

  就像人口可以根据出生率、死亡率、人口基数预测一样，科技对未来生活的改变也可以根据科技的生命周期和投资变化率进行预测。人口变化也是科技发展的因素之一。到底谁决定谁，我们不去深究，我们只是描绘未来最可能的情景。人脑是一个复杂工程，我们想象科技的未来，中间可能运用了各种方法，只是这样的运算过程并不能清楚地体现出来，我们大脑给出的只是推导结果。本书中预测的大部分科技已经开始实现，或在短期内能够实现，是看得见、摸得着的，而其他则需要长期探索才能实现，这其中既包含科技预测，也包含科技应用预测。

# 参 考 文 献

[1] 李锋. 混合现实技术在科普展示中的应用[N]. 科技创新导报，2011-03-11.

[2] 王海丰，张鲲. 基于 Gabor 特征的贝类图像分类识别算法研究[J]. 新型工业化，2016，6（2）：59-62.

[3] 秦梦琪. VR 的资本布局：一场说来就来的产业风暴[N]. 齐鲁周刊，2016-02-01.

[4] Chnydy. VR 产业链分析报告[Z]. 今日头条，2016-03-17.

[5] 程岳. 基于光度立体的高质量表面重建研究[D]. 浙江大学博士论文，2013（4）.

[6] 梅玉龙. 应急演练计算机三维模拟系统研究[J]. 中国安全生产科学技术，2012（4）.

[7] Oculus 正式发布虚拟现实眼罩：将推出手柄[OL]. 新浪科技，http://tech.sina.com.cn/it/doc-ifxczqap3957306.shtml，2015-06-12.

[8] 微软全息眼镜 HoloLens 如何引领技术浪潮[OL]. 网易科技，http://tech.163.com/15/0126/08/AGSEJ3CP00094P0U_all.html，2015-01-26.

[9] 艾媒咨询. 2015 年中国虚拟现实行业研究报告[OL]. 艾媒网，http://www.iimedia.cn/39871.html，2015-12-22.

[10] 吴茜媛，郑庆华，王萍. 一种网络用户兴趣智能感知建模方法[J]. 新型工业化，2014（9）.

[11] 赖俊森，赵文玉. 量子通信技术应用前景广阔[J]. 人民邮电，2015（7）.

[12] 刘恕. 量子计算机：到底有多神奇[N]. 科技日报，2015-12-24.

[13] 李倩. 探索量子计算的奇妙世界[N]. 浙江日报，2015-08-05.

[14] 粟倩. 基于量子密码算法的安全通信方案研究与设计[D]. 中南大学硕士论文，2012（5）.

[15] 戴青. 基于遗传和蚁群算法的机器人路径规划研究[D]. 武汉理工大学硕

士论文，2009（5）.

[16] 樊创佳. 工业机器人技术与产业发展的春天[J]. 电器工业，2013（7）.

[17] 詹乔乔. 机器人时代[J]. 机电一体化，2009（8）.

[18] 谷燕子. 移动机器人路径规划技术研究[D]. 河南科技大学硕士论文，2011（5）.

[19] 王田苗，陶永. 我国工业机器人技术现状与产业化发展战略[J]. 机械工程学报，2014（5）.

[20] 罗伯特·霍夫（Robert D. Hof）. 2014年全球十大突破技术：高通的神经形态芯片[DB/OL]. 2014-05-25.

[21] Semi. 神经形态芯片：仿生学的驱动力[J]. 集成电路应用，2014（10）.

[22] Nicola Jones. Computer science: The learning machines[J]. Nature, 2014（1）.

[23] BRAIN 2025, A SCIENTIFIC VISION, Brain Research through Advancing Innovative Neurotechnologies (BRAIN) Working Group Report to the Advisory Committee to the Director[DB/OL]. 2014（6）.

[24] Juncheng Shen, De Ma, Zonghua Gu. a Neuromorphic Hardware Co-Processor based on Spiking Neural Networks[J]. SCIENCE CHINA Information Sciences, 2016（2）.

[25] Intel Reveals Neuromorphic Chip Design [DB/OL]. http://www.technologyreview.com/view/428235/intel-reveals-neuromorphic-chip-design, 2012（6）.

[26] Qualcomm. Introducing Qualcomm Zeroth Processors: Brain-Inspired Computing，Qualcomm's Neuromorphic Chips Could Make Robots and Phones More Astute About the World [DB/OL]. https://www.qualcomm.com/news/onq/introducing-qualcomm-zeroth-processors-brain-inspired-computing. 2013（10）.

[27] 杨爱玲，于洪伟，郑灿辉. 关于轻型无人机航摄影像的质量探讨[J]. 测绘与空间地理信息，2011（4）.

[28] 张劲. 打造飞翔的"千里眼"——山东电研院无人直升机巡线系统研制侧

记[J]. 国家电网，2010（10）.

[29] 赵振国. Mean-Shift 算法的优化策略研究[D]. 杭州电子科技大学硕士论文，2014.

[30] 林莉君. 自动驾驶商业化还需迈过几道坎[N]. 科技日报，2014（7）.

[31] 孟海华，江洪波，汤天波. 全球自动驾驶发展现状与趋势（上）[J]. 华东科技，2014（9）.

[32] 杰里米·里夫金. 第三次工业革命[M]. 张体伟，孙豫宁，译. 北京：中信出版社，2012.

[33] Manar Jaradata. The Internet of Energy: Smart Sensor Networks and Big DataManagement for Smart Grid[J]. Procedia Computer Science, 2015(56): 592-597.

[34] 陈阿平. 从智能电网到能源互联网及对宝钢电能使用的启示[J]. 宝钢技术，2015（10）.

[35] 竹内弘高，野中郁次郎. 知识创造的螺旋：知识管理理论与案例研究[M]. 李萌，译. 北京：知识产权出版社，2006.

[36] Jianguo Zhou. A Hierarchical Cluster Synchronization Frameworkof Energy Internet[J]. IEEE ICIEA, 2015:1986-1991.

[37] 曹军威. 能源互联网大数据分析技术综述[J]. 南方电网技术，2015（11）.

[38] 曹军威. 分层分级发展能源互联网[J]. 伺服控制，2015（Z2）.

[39] 曹寅. 中国能源互联网之路白皮书[J]. 电器工业，2015（7）.

[40] 柴麒敏. 互联网+能源的大众革命[J]. 中国经济信息，2015（5）.

[41] 华鹏伟. 能源互联网：商业模式是关键[J]. 风能，2015（3）.

[42] 曹宏源. 开放性是能源互联网的本质[J]. 中国电力报，2015（5）.

[43] Gartner. Top 10 Strategic Technology Trends for 2016[DB/OL]. http://www.gartner.com/technology/research/top-10-technology-trends, 2015.

[44] 佚名. AnttiEvesti and EilaOvaska,Comparison of Adaptive Information Security Approaches [J]. ISRN Artificial Intelligence, 2013.

[45] Gabriel Lowy. A Prioritized Risk Approach to Data Security[DB/OL]. https://icrunchdatanews.com/prioritized-risk-approach-data-security, 2016(1).

[46] Olive, Neil. Five Characteristics of an Intelligence-Driven Security Operations Center[DB/OL]. Gartner market report, 2015.

[47] Neil MacDonald, Peter Firstbrook. Designing an Adaptive Security Architecture for Protection From Advanced Attacks[DB/OL], 2014(2).

[48] Dobb. SIEM: A Market Snapshot[DB/OL]. 2. http://www.drdobbs.com/siem-a-market-snapshot/197002909.2007.

[49] 王培. IDC：中国信息安全市场现状与未来展望[DB/OL]. 2015.

[50] 程时杰，陈小良，王军华，文劲宇，黎静华. 无线输电关键技术及其应用[J]. 电工技术学报. 2015（19）.

[51] 路劲松. 无线电力传输技术的基本原理与应用前景[J]. 科技致富向导，2012（14）.

[52] 李宏. 感应电能传输——电力电子及电气自动化的新领域[J]. 电气传动，2001（2）.

[53] 邹巍. 无线充电，开启通信"无尾时代"[J]. 上海信息化，2013（6）.

[54] 陈远. 3D打印技术——上上个世纪的思想，20世纪的技术，这个世纪的市场[EB/OL]. http://blog. sina. com，2016-06-14.

[55] 黄卫东. 如何理性看待增材制造（3D打印）技术[J]. 新材料产业，2013（8）.

[56] 王德花，马筱舒. 需求引领创新驱动——3D打印发展现状及政策建议[J]. 中国科技产业，2014（8）.

[57] 杨恩泉. 给我一个3D打印机还你一架喷气式飞机[J]. 军工文化，2013（5）.

[58] 叶纯青. 3D打印迎来首个"国家计划"[J]. 金融科技时代，2015（3）.

[59] 刘子铭，李东辉. 国内海洋能发电技术发展研究及合理建议[J]. 化工自动化及仪表，2015（9）.

[60] 刘建强. 海洋能：诱人的开发前景[N]. 北京日报，2014-06-11.

[61] 杨克平. 海洋能源概述[J]. 技术经济, 1983 (12).

[62] 麻常雷, 夏登文. 海洋能开发利用发展对策研究[J]. 海洋开发与管理, 2016 (3).

[63] 殷克东, 张栋. 海洋能开发对社会经济影响的评价指标体系研究[J]. 中国海洋大学学报（社会科学版）, 2012 (9).

[64] 付文莉. 可再生能源, 未来能源之星[J]. 电源技术, 2008 (9).

[65] 朱彧. 我国海洋能总体发展形势良好[N]. 中国海洋报, 2014, 05.

[66] 唐晓伟. 自主海洋能装备呼声渐高[N]. 中国船舶报, 2014, 06.

[67] 刘堃. 我国海洋产业发展方兴未艾[N]. 中国海洋报, 2015, 07.

[68] 本刊讯. 国家海洋局: 我国海洋能总体发展形势良好, 农产品市场周刊[N]. 2014, 06.

[69] 殷克东, 黄杭州. 海洋能开发对社会经济影响的评价研究[J]. 中国海洋大学学报（社会科学版）, 2014 (1).

[70] 言惠. 太阳能——21世纪的能源[J]. 上海大中型电机, 2004 (12).

[71] 陈曦梅. 防止全球变暖的发电技术简析[J]. 企业家天地, 2011 (8).

[72] 朱永强, 段春明, 叶青, 郭文瑞, 路宽, 王鑫. 国内外海洋能发电测试场研究现状[J]. 上海海洋大学学报, 2014 (3).

[73] 刘文新. 免费Wi-Fi公交上路[N]. 中国消费者报, 2013-01-07.

[74] 于兴晗, 郭易, 侯煜, 盖优普. 水利水电自动化数据采集器的Wi-Fi技术应用研究[D]. 中国水力发电工程学会信息化专委会、水电控制设备专委会2013年学术交流会论文集, 2013 (9).

[75] 张莉莉. 何谓Wi-Fi[J]. 大众用电, 2013 (11).

[76] O3b和Digicel庆祝在萨摩亚一年来的爆发式增长[EB/OL]. http://tech.china.com, 2015-11-07.

[77] 徐霞. 无线Wi-Fi网络下的安全思考[J]. 通讯世界, 2015 (3).

[78] 康永. 我国石墨烯产业发展现状及趋势[J]. 上海涂料, 2015 (2).

[79] 高玉冰, 宋旭娜, 王可. 高度关注碳捕获与封存技术潜在环境风险[J]. WTO

经济导刊，2011（7）.

[80] 王新. 我国碳捕获与封存技术潜在环境风险及对策探讨[J]. 环境与可持续发展，2011（10）.

[81] 埃利·金蒂希. 当真能拯救世界，把空气中的二氧化碳给吸收了吗[J]. 科技创业，2014（10）.

[82] 郑宁来. 德国开发出"蓝色燃油"[J]. 石油炼制与化工，2015（8）.

[83] 汪巍. 二氧化碳封存背后的石油价值[J]. 能源，2014（2）.

[84] 朱益飞. 大石油公司开发利用二氧化碳资源[J]. 石油和化工节能，2009（3）.